Karsta Neuhaus
Dirk Neuhaus

Bewerben
und Arbeiten
in den USA
und Kanada

ILT-Europa Verlag

W0058828

Copyright © 2005
ILT-Europa Verlag
Bochum

1. Auflage, 2005
ISBN: 3-930627-10-8

Bibliografische Information der
Deutschen Bibliothek

Die Deutsche Bibliothek verzeichnet
diese Publikation in der Deutschen
Nationalbibliografie; detaillierte bibliografische Daten sind im Internet über
http://dnb.ddb.de abrufbar.

Lektorat:
Mendlewitsch + Meiser,
Düsseldorf

Satzvorbereitung:
Jürgen Elias

Satz und Druck:
Fuldaer Verlagsagentur,
Fulda

Die Informationen und Adressen in diesem Buch wurden nach bestem Wissen
zusammengestellt. Der Verlag kann nicht
für Irrtümer oder Änderungen, die nach
Drucklegung eingetreten sind, verantwortlich gemacht werden. Die Autoren
und der Verlag betonen ausdrücklich,
dass sie für die Inhalte und Gestaltung
der Internetsites, auf die sie verweisen,
keine Gewährleistung oder Haftung
übernehmen.

Inhalt

Bewerben und Arbeiten in Kanada

Einleitung: Arbeiten im globalen Markt

Mit der zunehmenden Globalisierung der Wirtschaft werden immer mehr Stellen in Deutschland und Übersee geschaffen, die international ausgerichtet sind. Nationale Unternehmen expandieren mit Auslandsinvestitionen, um im internationalen Wettbewerb zu bestehen und die Kosten niedrig zu halten. Autos werden in Brasilien oder Mexiko produziert, Modefirmen und Elektronikunternehmen verlegen ihre Produktionen nach Asien. Auch deutsche Unternehmen operieren wegen der niedrigeren Lohnkosten weltweit.

Deutsche Arbeitnehmer und Berufsanfänger müssen sich deshalb darauf einstellen, dass sie künftig nicht nur mit Deutschen, sondern auch mit Arbeitssuchenden aus aller Welt um Stellen konkurrieren werden. Interkulturelle Kompetenz, Cross-Cultural Competence, spielt daher eine immer größere Rolle – unabhängig davon, ob die Arbeitnehmer im Ausland leben oder ob sie schon in Deutschland mit ausländischen Mitarbeitern und Kunden zu tun haben. Der Unternehmer, der Produkte in Amerika verkauft und gegenüber seinen Konkurrenten bestehen möchte, braucht Mitarbeiter, die sich in den USA und Kanada mit den dortigen Geschäftsgepflogenheiten auskennen. Deshalb sollte man schon möglichst früh, d. h. während der Ausbildung und des Studiums, Praktika im Ausland absolvieren und interkulturelle Erfahrungen sammeln. Die Teilnahme an internationalen Austauschprogrammen ist heutzutage zum wesentlichen Bestandteil der Berufsplanung geworden, wenn man sich auf Dauer im Arbeitsmarkt behaupten will.

Bewerben und Arbeiten in den USA und Kanada bietet den Arbeitssuchenden eine Fülle von Informationen zu:

- länderspezifischen Bewerbungspraktiken
  Wer sich in den USA und Kanada erfolgreich bewerben will, muss die Gepflogenheiten dort kennen. Der amerikanische Lebenslauf z.B. unterscheidet sich wesentlich vom deutschen. Es werden kaum persönliche Daten angegeben, dafür aber die Berufserfahrungen umso konkreter beschrieben.

- fremdsprachlichen Aspekten der Bewerbung
  Die potenziellen amerikanischen und kanadischen Arbeitgeber erwarten ausgezeichnete Sprachkenntnisse. Das vorliegende Buch gibt entscheidende Hilfestellungen für die Formulierung der Bewerbungsunterlagen und die Vorbereitung des Vorstellungsgesprächs.

- Möglichkeiten der Arbeitssuche
  Wer die Chance, in den USA und Kanada zu arbeiten, nutzen möchte,
  kann sich über folgende Aspekte informieren:
    - die generelle Arbeitsmarktsituation,
    - die Arbeitssuche durch lokale Arbeitsämter und Vermittlungs-
      agenturen,
    - den Zugang zu offenen Stellen per Internet,
    - die potenziellen Arbeitgeber und Firmendaten,
    - Austauschprogramme,
    - Visabestimmungen und Arbeitserlaubnis.

Bewerben und Arbeiten in den USA und Kanada präsentiert Ihnen das
notwendige Wissen in kompakter und übersichtlicher Form. Darüber
hinaus bietet es eine Fülle weiterführender Literaturhinweise und wichtiger Kontaktadressen.

Nutzen Sie die Tipps dieses Buchs und gehen Sie Ihre Bewerbung mit
viel Energie und Geduld an!

Wir wünschen Ihnen viel Erfolg.

Dirk und Karsta Neuhaus

Bochum, April 2005

info@ilt-europa.de

Bewerben und Arbeiten in den USA

1 Der amerikanische Arbeitsmarkt

Bei der Stellensuche in den USA empfiehlt es sich, Trends zu beachten, die sich jetzt schon auf dem Arbeitsmarkt abzeichnen. Sie sind dann als Bewerber* eher in der Lage, den potenziellen Arbeitgebern das anzubieten, was gefragt ist.

Seminare, Fachzeitschriften, Networking und Informationsgespräche sind gute Quellen für Hinweise zu aktuellen Entwicklungen. Hier erfahren Sie auch einiges über die Herausforderungen, vor denen die Unternehmen auf dem sich schnell ändernden Markt stehen. Gefragt sind flexible Mitarbeiter, die die Fähigkeit besitzen, sich ständig diesen neuen Aufgaben zu stellen und Probleme zu lösen.

Verhalten Sie sich deshalb nicht passiv. Warten Sie nicht auf Angebote, sondern ergreifen Sie selbst die Initiative: Informieren Sie sich über den amerikanischen Arbeitsmarkt und übernehmen Sie damit die Verantwortung für Ihre Karriere selbst. Mit anderen Worten: Seien Sie innovativ und kreativ.

Sie sollten wissen, dass sich im Rahmen des viel zitierten Lean Management und Downsizing - z. B. durch Automation und neue Technologien – viele amerikanische Firmen von Mitarbeitern getrennt haben. Hierarchieebenen wurden aufgelöst, Verantwortungsbereiche an Teams delegiert. Teilweise wurden Produktionen in das Ausland verlagert, z. B. Softwareaufträge von den USA nach Irland vergeben, teilweise Arbeitnehmer (auch Manager) nur befristet für bestimmte Projekte eingestellt. Outsourcing spart Personal- und Fixkosten.

Lean Management hat dazu geführt, dass es viele Berufe nicht mehr gibt. Auch in den USA ist es nicht mehr möglich, 20 oder 30 Jahre lang denselben Beruf auszuüben. Career-Hopping sowie Job-Hopping sind üblich geworden. Man muss sich kontinuierlich weiterbilden und alle fünf bis zehn Jahre neue Fertigkeiten und Fähigkeiten erwerben. Auf Grund des technologischen Fortschritts und neuer Bedürfnisse im Dienstleistungsbereich werden ständig neue Jobs geschaffen.

Gesucht werden dafür schon jetzt Mitarbeiter, die flexibel und bereit sind, sich kontinuierlich fortzubilden. Es wird prognostiziert, dass Bewerber verstärkt einen Mix aus folgenden Fähigkeiten mitbringen müssen: fachliche Kompetenz, ergänzt durch fundierte Computer- und Fremdsprachen-

---

(*)   *In dem vorliegenden Buch werden aus Gründen der Vereinfachung überwiegend männliche Formen der Berufsbezeichnungen etc. benutzt. Die weiblichen gelten als eingeschlossen.*

kenntnisse sowie Geschick im Umgang mit Kunden aus aller Welt.

Seriöse Informationen und fundierte Prognosen über den amerikanischen Arbeitsmarkt sind daher unerlässlich, wenn Sie erwägen, eine Stelle in den USA zu suchen. Eine zuverlässige Quelle dafür sind die Untersuchungen des Department of Labor, z. B. im:

- Occupational Outlook Handbook
  www.bls.gov/oco.home

  > Vom staatlichen Amt für Statistik werden hier, in der Ausgabe 2004/2005, rund 250 Berufe beschrieben und Trends in diesen Branchen prognostiziert. Für jedes Berufsfeld werden Informationen zu folgenden Aspekten geboten:
  >
  > – Nature of Work,
  > – Working Conditions,
  > – Employment,
  > – Job Outlook,
  > – Earnings,
  > – Related Occupations,
  > – Sources of Additional Information (z. B. Links zu den entsprechenden Berufsverbänden).
  >
  > Die einzelnen Berufsbilder können nach Suchbegriffen (Keywords) oder alphabetisch aufgerufen werden, ebenso nach Berufsgruppen (Occupational Clusters) wie z. B. „Professional and Technical Occupations" oder „Executive, Administrative and Managerial".

Ebenfalls informativ zum Thema Arbeitsmarkt sind die folgenden Internetadressen:

- Economic and Employment Projections
  www.bls.gov/news.release/ecopro.toc.htm

  > Hier finden Sie interessante Prognosen wie z. B.:
  >
  > – The 10 Occupations with the Largest Job Growth,
  > – The 10 Industries with the Fastest Wage and Salary Employment Growth 2002-2012,
  > – The 10 Fastest-Growing Occupations 2002-2012.
  >
  > Zur letzten Gruppe gehören z. B. Informatikingenieure, Systemanalytiker, Desktop-Publishing-Spezialisten, aber auch Dienstleister aus dem medizinischen Bereich und dem Pflegesektor.

- America's Career InfoNet
  www.acinet.org

  „Providing Occupational and Economic Information" ist das
  Motto dieser Site. Sie können unter „State Info" aus einer
  alphabetischen Liste den Bundesstaat auswählen, der Sie bei
  Ihrer Jobsuche interessiert, und erhalten Informationen über:

  - General Outlook,
  - Wages and Trends,
  - State Profile Search und
  - Resources.

Darüber hinaus können Sie hunderte von Berufsberichten (Occupational
Reports) abrufen, die unter anderem Angaben zu Gehältern und Bran-
chentrends enthalten.

Folgende Entwicklungen zeichnen sich auf dem amerikanischen Arbeitsmarkt ab:

- Besonders gefragt sind nach wie vor Computerfachleute (Computer Engineers und System Analysts) für die Forschung und
  EDV-Anwendungen in Business und Industrie.

- Gesucht werden gut ausgebildete Mitarbeiter. Ungelernte Arbeiter haben geringere Chancen und werden noch niedrigere
  Löhne erhalten.

- Heim- und Telearbeit werden künftig eine noch größere Rolle
  spielen.

- Weniger junge Leute werden in den Arbeitsmarkt drängen:
  Wegen der geringeren Geburtenrate nimmt die arbeitende Bevölkerung ab bzw. der Anteil der Älteren zu.

- Ein Großteil der neuen Arbeitssuchenden sind Frauen, z. B. im
  Erziehungsbereich, im Gesundheitswesen, in der Werbung, in
  der Unterhaltungsbranche, im Rechtswesen, in Mode und
  Design, in Büro und Verkauf. Im Jahr 2012 werden 48% der
  arbeitenden Bevölkerung Frauen sein.

- Besonders im Dienstleistungsbereich wird eine gesteigerte Nach-
  frage erwartet. Wachstumsbereiche sind z. B. Groß- und Einzel-
  handel, Versicherungs- und Erziehungswesen. Eine besondere
  Rolle spielt das Gesundheitswesen, da die alternde Bevölkerung
  immer mehr Dienstleistungen in der medizinischen Versorgung
  sowie der häuslichen Pflege in Anspruch nehmen wird.

- Zu den zehn Berufen, in denen der größte Zuwachs an Stellen erwartet wird, gehören laut US-Arbeitsministerium:
    - Registered Nurses,
    - Postsecondary Teachers,
    - Retail Salespersons,
    - Customer Service Representatives,
    - Food Preparation and Service Workers,
    - Cashiers,
    - Janitors,
    - General Managers,
    - Waiters and Waitresses,
    - Nursing Aides.

- Im 21. Jahrhundert werden weitere völlig neue Berufsbilder entstehen, z. B. in den Bereichen: Laser-, Roboter-, Informations- und Biotechnologie. Zu den neueren Berufen gehören: Information Broker, Leisure Consultant, Electronic Mail Technician, Retirement Counselor.

- Zeitarbeit wird verstärkt gefragt: Man arbeitet für einen begrenzten Zeitraum an einem Projekt mit und sucht danach etwas Neues. Zeitarbeitsjobs werden in allen Berufssparten vermittelt: für Ärzte, Rechtsanwälte, Krankenschwestern und Programmierer ebenso wie für den Sekretariats- und Verwaltungsbereich.

- Die Arbeitnehmer müssen lernfähig und mobil sein und immer wieder neu ihre Qualifikationen und Berufserfahrungen verkaufen. Einen dauerhaft sicheren Arbeitsplatz gibt es nicht mehr. Der Durchschnittsamerikaner wird im Laufe seines Berufslebens in ca. vier bis fünf Sparten arbeiten. Schlüsselqualifikationen spielen deshalb eine immer bedeutendere Rolle:
    - Lernfähigkeit,
    - Entscheidungsfähigkeit,
    - Teamfähigkeit,
    - Kommunikationsfähigkeit,
    - Flexibilität.

Fachwissen allein genügt nicht mehr: Man benötigt darüber hinaus EDV- und Fremdsprachenkenntnisse. Ebenso ist Entscheidungsfähigkeit ein sehr wichtiger Faktor, wenn Verantwortung delegiert wird. Manager müssen insbesondere über die Fähigkeit verfügen, ihre Mitarbeiter zu motivieren und Teams zu leiten. Schriftliche und mündliche Kommunikationsfähigkeit spielt eine große Rolle.

Tipp!

Weitere Möglichkeiten, Informationen über den amerikanischen Arbeitsmarkt bzw. die von Ihnen gewünschte Branche zu recherchieren:

- *Versuchen Sie, Kontakte zu Amerikanern zu knüpfen, die in Ihrer Branche arbeiten.*
- *Lernen Sie Ihre Branche kennen, indem Sie sich zunächst um ein Praktikum oder einen Entry-Level-Job (Einstiegsposition) bemühen.*
- *Informieren Sie sich bei Berufsberatern (Career Counselors) und College Centers.*
- *Nutzen Sie alle Recherchemöglichkeiten, die Ihnen das Internet schon vor Ihrer Abreise in Deutschland bietet.*

Fazit:

Es ist nicht einfach, eine Arbeit in den USA zu finden. Sie müssen die Initiative ergreifen und vor allem hartnäckig sein und Ausdauer beweisen. Nutzen Sie auch alle verfügbaren Informationen und Beziehungen.

Ihre Chancen steigen, wenn Sie über folgende Voraussetzungen verfügen:

- verhandlungssichere Sprachkenntnisse,
- hochspezialisierte Fachkenntnisse in Ihrem Berufszweig,
- genaue Recherchen zum Arbeitsmarkt,
- möglichst viele soziale Kontakte.

2 Arbeitsvermittlung in den USA

2.1 State Employment Services

Die staatlichen Arbeitsämter (State Employment Service Offices) bieten nicht nur eine Stellenvermittlung an, sondern informieren auch über den Arbeitsmarkt, führen Tests durch und beraten die Bewerber. Staatliche Arbeitsämter vermitteln vor allem Stellen für Einsteiger in der Industrie, für gelernte und ungelernte Arbeiter. Untersuchungen zeigen allerdings, dass die Vermittelten häufig nicht lange in den Jobs bleiben. Informationen zu den staatlichen Arbeitsämtern finden Sie im Internet unter der folgenden Adresse:

- United States Employment Service
  www.doleta.gov

- America's Jobbank
  www.ajb.dni.us
  www.americasjobbank.com

„The Biggest and Busiest Job Market in Cyberspace." Hinter dieser Adresse steckt eine Kooperation des US-Arbeitsministeriums mit rund 2 000 staatlichen Arbeitsämtern.

Die Datenbank enthält rund eine Million Jobangebote, darunter viele aus dem öffentlichen Dienst. Aber auch auf dem privaten Sektor hat sie etwas zu bieten. Bitte beachten Sie, dass für Bewerber eine Arbeitserlaubnis vorausgesetzt wird: „Only available to citizens of the US or non-citizens that are authorized to work in this country". Links führen zu den offiziellen Sites der einzelnen Bundesstaaten.

2.2 Employment Agencies/Recruiters

Man unterscheidet zwischen Executive Search Firms, die vor allem Führungspositionen und Employment/Recruitment Firms, die Einstiegsjobs und Stellen auf der mittleren Ebene vermitteln. Üblicherweise erhalten die Recruiters erst ihr Honorar, wenn der Bewerber tatsächlich eingestellt wird. In den meisten Fällen zahlt der Arbeitgeber. Executive Recruiters vermitteln im Allgemeinen Stellen mit Jahresgehältern ab 50 000 Dollar. Sie sind meist spezialisiert auf bestimmte Bereiche und Berufsgruppen, z. B. Ingenieure, EDV-Fachpersonal, Führungskräfte, Sekretariat, Bankwesen, medizinisches Personal etc. Headhunter werben häufig Führungspersonal aus anderen Firmen ab. Es gibt viele kommerzielle Arbeitsvermittlungsagenturen in den USA, die Voll- und Zeitarbeit vermitteln. Adressen von Recruiters findet man im Internet unter:

- Recruiters Online Network
  www.recruitersonline.com

  „Recruiters Online Network is your gateway to the hidden job-market" verspricht die Site. Sie können mit Hilfe dieses Services tausende von Stellenangeboten durchforsten, die von Recruiters und Headhuntern vermittelt werden. Kriterien für die Suche sind Ort, Branche und Keywords.

- Oya's Directory of Recruiters
  http://i-recruit.com

  Die Namen und Adressen von rund 400 Recruiting-Agenturen sind hier nach Branche (Speciality) bzw. Ort (Location) aufgelistet.

Sie können einen Personalvermittler schon von Deutschland aus per E-Mail kontaktieren, einen Lebenslauf als Attachment beifügen und danach anrufen, um zu klären, ob man Sie in Ihrer Berufssparte vermitteln kann. Sie sollten möglichst genau beschreiben können, was für eine Stelle bzw. was für eine Firma Sie suchen und die Agentur detailliert über Ihre Qualifikation informieren. Umso besser kann man Sie vermitteln! Erkundigen Sie sich vorher nach den Gebühren und dem Service, den Sie erwarten können. Meiden Sie die Agenturen, die von Ihnen Geld verlangen!

Wenn Sie schon in den USA sind, geben Sie Ihren Lebenslauf persönlich ab und stellen bei der Gelegenheit Fragen zum Verfahren. Rufen Sie gelegentlich wieder an. Die Firma wird Sie zu einem Vorstellungsgespräch bitten, falls Sie ihr und den Kunden interessant erscheinen. Selbst wenn die Agentur Ihnen keine Stelle vermitteln sollte, ist sie trotzdem als Informationsquelle über Chancen und Trends in Ihrem Bereich interessant.

Wenn Sie wissen möchten, ob eine Agentur seriös ist oder nicht, können Sie bei der Job Section einer Bibliothek nachfragen und/oder im Internet prüfen, ob die Agentur bei der National Association of Personnel Consultants eingetragen ist. Deren Mitglieder verpflichten sich, bestimmte Grundsätze und Selbstverpflichtungen einzuhalten. Fragen Sie auch, wie lange die Vermittlungsagentur schon besteht.

Verlassen Sie sich nicht allein auf Executive Recruiters, sondern nutzen Sie auch weiter alle anderen Bewerbungsmöglichkeiten. So behalten Sie die Kontrolle über Ihre Arbeitssuche.

 Tipp!

Beratung und Jobvermittlung werden auch an amerikanischen Universitäten angeboten. Arbeitssuchende, die nicht von den entsprechenden Colleges kommen, können häufig zumindest die Materialien in der Referenzbibliothek nutzen bzw. auf deren Website Informationen abrufen. College Career Centers sind besonders für Berufsanfänger interessant. Sie

- organisieren Jobbörsen,
- vermitteln Teilzeit- und Sommerjobs sowie Praktika,
- bieten Berufsberatungen an,
- helfen bei der Kontaktaufnahme zu Firmen,
- führen Workshops zu berufsspezifischen Themen durch,
- helfen bei der Erstellung von Resumes,
- trainieren Vorstellungsgespräche.

2.3 Temporary Agencies

Immer mehr Firmen beschäftigen zeitlich befristet Angestellte, um Kosten zu reduzieren. Dies trifft auch für gut bezahlte Stellen zu. Es gibt viele Agenturen, die Zeitarbeit für gelernte und ungelernte Bewerber, z. B. für Bürotätigkeiten, vermitteln. Andere Temporary Agencies konzentrieren sich auf technische Berufe, wie z. B. Architekten, Ingenieure sowie Pflegeberufe aber auch Manager – aus Firmen, die im Zuge des Lean Management verkleinert wurden.

Im Allgemeinen sind die Zeitarbeitagenturen auf folgende Berufssparten spezialisiert:

- Accounting,
- Advertisement,
- Construction,
- Engineering,
- Hotel,
- Human Resources,
- Insurance,
- Medical,
- Security.

Die Agenturen stellen übrigens selbst das Personal ein und vermitteln es weiter.

Viele Zeitarbeitnehmer verfügen über EDV-Kenntnisse und Büroerfahrung. Flexibilität bezüglich Arbeitszeit und -ort wird vorausgesetzt. Auch Kommunikationsfähigkeit ist gefragt. Gute Sprachkenntnisse verbessern Ihre Chancen. Temporary Jobs bieten Ihnen die Möglichkeit,

- Firmen kennen zu lernen,
- Einblicke in neue Arbeitsbereiche zu erhalten,
- Kontakte zu möglichen Arbeitgebern zu knüpfen,
- vielfältige Erfahrungen in den USA in zeitlich befristeten Projekten zu sammeln.

Für den Arbeitgeber haben „Temp Jobs" den Vorteil, dass er die Kandidaten testen kann, ohne sie gleich fest anzustellen.

Adressen der Agenturen findet man in den Gelben Seiten (Yellow Pages) unter „Employment Agencies/Temporary Agencies/Employment Services: Employee Leasing". Natürlich können Sie auch im Internet entsprechende Agenturen finden:

- Kelly Services
  www.kellyservices.com

  Kelly hat rund 200 000 Kunden. Der Service vermittelt ihnen jährlich ca. 800 000 Zeitarbeiter, aber auch Vollzeitangestellte in den Sparten: Buchhaltung, Ingenieurwesen, IT, Büro, Pflege, Callcenter und Marketing. Kriterien für die Suche in der Stellendatenbank sind: Branche, Region, Art der Beschäftigung. Den Bewerbern steht eine Resumedatenbank zur Verfügung. Über „Salary Wizard" können Sie Gehaltsspiegel aufrufen. Der Link zum Bureau of Labor Statistics ist hilfreich, wenn es um Trends auf dem Arbeitsmarkt geht.

- Manpower
  www.manpower.com

  Manpower gehört zu den großen Agenturen der Branche. In 63 Ländern, darunter den USA, vermittelt Manpower Voll- und Zeitarbeitsstellen für kurze und längere Zeiträume. Beispiele können Sie sich auf der Website unter „Find Employment" ansehen, geben Sie einfach einen Schlüsselbegriff und die gewünschte Stadt bzw. einen Bundesstaat ein.

Achten Sie darauf, dass die Firmen, bei denen Sie sich bewerben, Mitglied in der NATS (National Association of Temporary Services) sind. Empfehlungen geben auch die Industrie- und Handelskammern und Berufsverbände.

Wenn Sie sich bei einer Agentur bewerben, reichen Sie einen Lebenslauf mit Begleitschreiben ein. Sie müssen eventuell einen so genannten Skills-Test machen, in dem z. B. Kenntnisse in Buchführung, EDV und Fremdsprachen überprüft werden. Sie erhalten danach möglicherweise eine Einladung zum Vorstellungsgespräch. Bei Interesse nimmt die Agentur Sie in ihren Bewerberpool auf und vermittelt Sie an Firmen weiter. Temp-Job-Verpflichtungen können einen Tag oder mehrere Monate dauern. Häufig führen sie zu Vollzeitstellen.

 Tipp!

Beachten Sie, dass auch für die Zeitarbeit ein Visum nötig ist. Die Agenturen sind gesetzlich verpflichtet, sich eine Arbeitserlaubnis bzw. ein Visum vorlegen zu lassen. In den Gehaltsverhandlungen sollten Sie sich auch nach bezahltem Urlaub und Krankenversicherung erkundigen.

3 Arbeitsvermittlung durch Austausch-, Ferien- und Praktikantenprogramme

3.1 Zentralstelle für Arbeitsvermittlung (ZAV)

Bei der Arbeitsvermittlung für die USA spielt die Zentralstelle für Arbeitsvermittlung, kurz ZAV, eine Dienststelle der Bundesagentur für Arbeit, eine entscheidende Rolle. Sie vermittelt Bewerber aus akademischen, aber auch handwerklichen und sonstigen Berufen wie z. B. Werkstattmeister, Reiseverkehrskaufleute und Techniker in die USA. In gehobenen Positionen der kaufmännischen und technischen Abteilungen schicken Firmen allerdings in der Regel zu 95% ihre eigenen Mitarbeiter in die USA. Auch Programme für Abiturienten und Studierende bietet die ZAV an. Dazu gehören zeitlich befristete Arbeitsverhältnisse sowie Fachpraktika in den USA.

Die ZAV-Experten empfehlen Nachwuchskräften, sich nicht erst am Ende des Studiums um ein Praktikum in den USA zu bemühen, sondern schon vorher an Auslandsprogrammen teilzunehmen. Sie sollten schon früh Interesse an Amerika (High-School-Besuch, Urlaubsaufenthalt etc.) zeigen, frei nach dem Motto: „Ich bin Amerika-Fan." Gute Sprachkenntnisse, ein überzeugendes Interesse an einer Auslandtätigkeit und gute Fachkenntnisse (z. B. auf technischem Gebiet, in Vertrieb und Marketing) sind die besten Voraussetzungen für Ihren Erfolg!

Arbeitsplätze sind in den USA vorhanden, aber nur für Leute mit einer qualifizierten Fachausbildung und mit Facherfahrungen. Unqualifizierte Bewerber haben keine Chance, eine Arbeitserlaubnis zu bekommen.

In den Publikationen der ZAV wird hervorgehoben, dass die Bewerber um eine Auslandtätigkeit neben einer guten fachlichen Qualifikation und ausgezeichneten Sprachkenntnissen in Wort und Schrift auch entsprechende persönliche Eigenschaften vorweisen müssen. Dazu gehören Ausdauer, Improvisationsvermögen, Flexibilität, Teamfähigkeit, Toleranz sowie Offenheit gegenüber anderen Arbeits- und Lebensbedingungen.

Manche Fachkräfte bemühen sich auch auf Eigeninitiative hin, d. h. ohne Austauschorganisationen, um Arbeit in den USA. Je höher der Grad der Spezialisierung, z. B. Kfz-Schlosser für Mercedes-Benz, je einschlägiger die Markterfahrungen, desto besser sind die Aussichten auf eine Stelle bzw. überhaupt auf ein Visum. Darauf weisen die Experten immer wieder hin. Allerdings ist auch bei qualifizierten Fachkräften die Bezahlung im Allgemeinen in den USA schlechter als in Deutschland.

Interessenten an einer Auslandstätigkeit wird generell empfohlen, als Alternative zu Austauschprogrammen den Umweg über eine deutsche Firma mit Niederlassung in den USA zu nehmen. Es ist sinnvoll, erst einmal in einem internationalen Unternehmen in Deutschland zu arbeiten, um später die Chance zu erhalten, ins Ausland entsandt zu werden.

Die verschiedenen USA-Programme der ZAV werden in der Broschüre Jobs und Praktika im Ausland aufgelistet, abzurufen im Internet in der Rubrik „Internationales":

www.arbeitsagentur.de

Zu diesen Programmen gehören:

- Epcot-Center, Florida
  Junge Leute zwischen 20 und 27 Jahren können sich als „Cultural Representatives" im deutschen Pavillon des Epcot-Centers, eines Freizeitparks in Florida, bewerben.

- AIPT-Sommerjobs
  In Zusammenarbeit mit der amerikanischen Organisation AIPT bietet die ZAV deutschen Studierenden Sommerjobs von bis zu vier Monaten vor allem im Hotel-, Gaststättengewerbe und Verkauf an, überwiegend im Osten der USA.

- Camp USA/Camp Counselors USA
  Dies ist ein Programm für junge Leute zwischen 19 und 28 Jahren: Als Camp Counselors können sie Kinder und Jugendliche in Sommercamps betreuen oder als Support Staff in der Küche aushelfen.

- Work Experience USA
  Über dieses Programm können eingeschriebene deutsche Studierende in den USA in den Sommerferien bis zu vier Monate lang arbeiten. Sie haben zwei Optionen: entweder sie suchen den amerikanischen Arbeitgeber selbst oder sie bewerben sich auf Stellenangebote (Placement Options) über die ZAV.

- Praktikantenprogramm Crotched Mountain
  Wenn Sie Erfahrungen aus dem sozial- und erziehungspädagogischen Bereich mitbringen, können Sie sich um ein Praktikum (zwischen 3 und 18 Monaten) bewerben.

- Lehreraustauschprogramm STEP (School Teachers Exchange Program)
  STEP ist ein Programm der ZAV in Kooperation mit der Berliner Senatsverwaltung und der Checkpoint Charlie Stiftung. Es ermöglicht deutschen Lehrern, Unterrichtserfahrungen an öffentlichen Schulen in den USA zu erwerben und das amerikanische Bildungswesen kennen zu lernen. Zum Austausch gehört, dass amerikanische Lehrer zu Fortbildungslehrgängen in Deutschland eingeladen werden.

 Hinweis!

Normalerweise muss der amerikanische Arbeitgeber das Visum organisieren, dies ist aber ein langwieriger Prozess – und die meisten Unternehmen scheuen den bürokratischen Aufwand. Wenn die Bewerbung über die ZAV läuft, ist die Frage des Visums im Allgemeinen geklärt. Beachten Sie, dass Trainee-Visa nicht für eine generelle Arbeitsaufnahme vergeben werden, sondern ausdrücklich für klar definierte Trainee-Aufenthalte.

Auch die folgenden Institutionen helfen mit ihren Programmen bei der Beschaffung eines entsprechenden Visums:

- InWEnt   (Internationale Weiterbildung und Entwicklung) und
- CIEE   (Council on International Educational Exchange).

3.2 InWEnt

InWEnt will mit seinen vielfältigen USA-Programmen jungen Leuten ermöglichen, sich im Ausland weiterzuqualifizieren und dort berufliche Erfahrungen zu sammeln. Zum Service der Organisation gehört – ähnlich wie bei der ZAV – die Beratung der Interessenten, die Vermittlung eines Praktikantenvisums, zum Teil auch die Vermittlung von Praktikumsstellen sowie Finanzierungshilfen in Form von Teilstipendien oder Darlehen.

Das USA–Angebot von InWEnt hat drei Schwerpunkte:

- Berufspraktische Weiterbildung (z. B. Deutsch-Amerikanisches Praktikantenprogramm, Career-Training-Programme),

- Kombination von Studium und Praktikum (z.b. mit den Schwerpunkten Marketing und Public Relations an der State University von New York),

- Austauschprogramme für Auszubildende und junge Berufstätige.

Diese Angebote können Sie im Internet in der Sparte „Mit InWEnt ins Ausland" aufrufen:

www.inwent.org

3.3 CIEE

CIEE, Council on International Educational Exchange, ist der weltweit größte Anbieter von Austauschprogrammen für Studierende und Hochschulabsolventen. Auch Abiturienten hilft CIEE bei der Organisation von High-School-Aufenthalten im Ausland weiter. Für die USA organisiert CIEE folgende Programme:

- Praktikum USA,
- Professional Career Training USA,
- Work and Travel USA.

Mit dem Work-and-Travel-Programm können deutsche Studierende für maximal vier Monate im Sommer in den Semesterferien in den USA jobben oder Arbeit suchen, vor allem im Hotel- und Gaststättengewerbe, aber auch im Verkauf und anderen Bereichen.

Zum Service von CIEE gehört außerdem die Unterstützung bei der Beschaffung von Visa für die USA. CIEE stellt beispielsweise das DS-2019-Formular aus, mit dem man sich um ein J-1-Visum bewerben kann. Den Arbeitgeber in den Staaten muss man sich allerdings selbst suchen: CIEE hilft jedoch mit Informationen und Tipps.

Mit dem Internship-USA-Programm wird es Studenten ermöglicht, ein bis zu 18-monatiges Praktikum in den USA zu absolvieren. Für Graduierte und Berufstätige sind die Programme des Professional Training USA konzipiert. Es gibt insgesamt acht Bereiche, für die eine Praktikumsvermittlung möglich ist, darunter Arts and Culture, Information Media and Communications, Education and Social Sciences, Agriculture, Business and Finance. Humanmedizin ist ausgeschlossen.

Bedingung für die Programmteilnahme ist übrigens, dass die Praktika in engem Zusammenhang mit den Studienfächern stehen. Die Bewerber müssen nachweisen können, dass sie im Besitz eines Arbeitsvertrags mit einem amerikanischen Unternehmen sind.

Seit Ende 2004 gibt es in Deutschland keine Niederlassung der CIEE mehr. Interessenten an den Programmen werden an TravelWorks verwiesen, mit denen CIEE zusammenarbeitet.

TravelWorks GmbH
Münsterstraße 111
48155 Münster
www.travelworks.de

3.4 Praktika

Auslandsaufenthalte spielen eine wesentliche Rolle bei Bewerbungen in internationalen Unternehmen. Mit ihnen hebt man sich von der Masse der Bewerber ab. Gerade auf Führungsebenen wird es immer wichtiger, internationale Erfahrungen vorweisen zu können. Praktika in den USA sind von entscheidendem Wert für die spätere Berufsplanung – und sie erhöhen die Chancen einer internationalen Karriere. In jedem Fall ist es vorteilhaft, schon möglichst frühzeitig als Praktikant in den USA gearbeitet zu haben, um seinen Horizont zu erweitern und interkulturelle Gepflogenheiten kennen zu lernen. Sie zeigen damit, dass Sie Initiative ergriffen und sich mit einer neuen Lebens- und Arbeitssituation auseinandergesetzt haben. Praktika bieten darüber hinaus eine ausgezeichnete Möglichkeit, Kontakte zu amerikanischen Firmen zu knüpfen, die im späteren Berufsleben von Nutzen sein können. Praktikumsplätze werden häufig nur schlecht oder gar nicht bezahlt. Es ist deshalb wichtig, dass Sie über genügend eigene Mittel verfügen, um Ihren Lebensunterhalt selbst zu finanzieren.

Folgende Aspekte sollten geklärt sein, bevor Sie einen Praktikumsvertrag unterschreiben:

- Arbeitszeit,
- Aufgaben- und Verantwortungsbereich,
- Nichtfinanzielle Zuwendungen,
- Ausbildung.

Beachten Sie, dass Sie für Ihr Praktikum auch ein Visum beantragen müssen. Es ist nicht erlaubt, ohne das entsprechende Visum einfach einzureisen, um Arbeit zu suchen. Sie benötigen z. B.:

J-1 für Teilnehmer an Austauschprogrammen,
B-1 für Rechtsreferendare.

Institutionen, die Praktika für Studenten und junge Berufstätige vermitteln, sind im Allgemeinen autorisiert, bei der Beschaffung von Visa behilflich zu sein. Zum Thema Praktikum stellen wir Ihnen im Folgenden einige relevante Organisationen vor und nennen auch ihre Internetadressen.

- AIESEC
  www.de.aiesec.org

  AIESEC, die größte internationale Studentenorganisation, weltweit in 80 Ländern, in Deutschland mit seinen Lokalkomitees an 60 Universitäten vertreten, organisiert einen Praktikantenaustausch für Fachhochschul-/Hochschulstudenten in den Bereichen Wirtschaftswissenschaften, Wirtschaftsingenieurwesen, IT und Sozialwissenschaften. AIESEC hilft bei der Vermittlung bezahlter Praktika (von 2 bis 18 Monaten Dauer) sowie bei der Beschaffung der nötigen Visa. Die Website stellt interessante Links zu anderen Austauschorganisationen zur Verfügung.

- Bauernverband
  www.bauernverband.de

  Der Bauernverband vermittelt Praktika für Land- und Forstwirte, Winzer und Hauswirtschaftlerinnen, und zwar für Studenten sowie junge Berufstätige. In der Rubrik „Internationaler Praktikantenaustausch" können Sie alle wesentlichen Informationen abrufen.

- InWEnt
  www.inwent.org

  InWEnt (ehemals Carl-Duisberg-Gesellschaft) bietet eine Reihe von Praktikaprogrammen an. Generell müssen die Bewerber ein abgeschlossenes Grundstudium nachweisen können bzw. eine abgeschlossene Berufsausbildung und Berufserfahrung. Außerdem werden gute Englischkenntnisse und Eigeninitiative bei der Beschaffung eines Praktikumplatzes erwartet. Zu den Programmen gehören:

  - Das Deutsch-Amerikanische Praktikantenprogramm
    Es wendet sich an junge Berufstätige zwischen 22 und 32, die in den Bereichen Wirtschaft/Handel, Marketing/Vertrieb, Technik/Architektur, Medien/Design oder Journalismus arbeiten.

- Career Trainings von InWEnt
  Die Career Trainings sind für Studierende mit abgeschlossenem Grundstudium konzipiert, aber auch z. B. speziell für Bewerber aus den Bereichen Gartenbau und Landwirtschaft.

- FH-Praxissemester
  Studierende an Fachhochschulen haben die Möglichkeit, über InWEnt ein sechsmonatiges Praktikum in einem amerikanischen Unternehmen zu absolvieren. Voraussetzung dafür ist, dass sie mindestens drei Semester studiert haben, gute Englischkenntnisse mitbringen und zwischen 21 und 30 Jahre alt sind.

- Kombination von Studium und Praktikum
  Dieses Programm ermöglicht es deutschen Studenten, ein fachtheoretisches Studium an einer amerikanischen Universität mit einem Fachpraktikum in einem amerikanischen Unternehmen zu verbinden.

- Parlamentarisches Patenschaftsprogramm
  Dieses Programm gibt es seit 1983. Sein Ziel ist es, der jungen Generation in den USA und in Deutschland im Rahmen eines einjährigen Aufenthalts im Gastland die Bedeutung der freundschaftlichen Zusammenarbeit zu vermitteln.

- TravelWorks
  www.ciee.org
  www.travelworks.de

  TravelWorks arbeitet eng mit CIEE zusammen. Der Council on International Educational Exchange ist eine Austauschorganisation, die von der US-Regierung autorisiert ist, die für die Visabeschaffung nötigen Vordokumente (DS-2019) auszustellen. Ohne Vordokumente bekommt man kein J-1-Visum, ohne das Ausländer kein Praktikum in den USA absolvieren dürfen. Es gibt zwei Arten von Praktikumsprogrammen über TravelWorks:

  - Praktikum USA
    Teilnehmen können Vollzeitstudenten ab dem zweiten Fachsemester, die ein studienbezogenes Praktikumsangebot in den USA nachweisen können und über genügend eigene Mittel verfügen, um ihren Amerika-Aufenthalt zu finanzieren. Sie dürfen nur bei einem Arbeitgeber und in der vorgesehenen Zeit arbeiten. Die Praktikumsdauer liegt zwischen vier Wochen und 18 Monaten.

- Professional Career Training USA
  Bewerber müssen eine abgeschlossene Berufsausbildung
  bzw. ein abgeschlossenes Studium oder mindestens zwei
  Jahre Berufserfahrung nachweisen können und gute Englischkenntnisse haben. Außerdem müssen sie sich selbst
  eine berufsbezogene Praktikumsstelle in den USA organisieren. Das Praktikum kann zwei bis 18 Monate dauern.

- Deutscher Akademischer Austauschdienst (DAAD)
  www.daad.de

  Der DAAD hilft allen weiter, die sich für ein Studium oder ein
  Praktikum bzw. ein Forschungsvorhaben im Ausland interessieren. Im Internet können Sie alle relevanten Informationen
  über Stipendien, die Anerkennung von Studienleistungen und
  Praktika aufrufen.
  Die Länderinformationen der DAAD-Site berücksichtigen jeweils
  die Aspekte Bildungssystem und Hochschullandschaft. Wenn
  Sie Möglichkeiten suchen, Ihre Sprachkenntnisse im Ausland
  zu verbessern, ist die Übersicht des DAAD über Sprachkurse in
  aller Welt eine unübertroffene Fundgrube.

- Deutsche Auslandshandelskammern (AHK)
  www.ahk-usa.com

  Auch bei den Auslandshandelskammern in den USA können Sie
  Praktika absolvieren. Dies gilt insbesondere für Rechtsreferen-
  dare und Hochschulabsolventen wirtschaftswissenschaftlicher
  Fakultäten. Details dazu bekommen Sie auf der Website unter
  „Bildung". Hier finden Sie auch die örtlichen Adressen, Home-
  pages und Ansprechpartner in den USA. Es sind folgende:

  - AHK Atlanta
    www.gaccsouth.com

    German American Chamber of Commerce of the Southern
    United States, Inc. mit einer Zweigstelle in Houston ist zu-
    ständig für den Südwesten der USA.

  - AHK Chicago
    www.gaccom.org

    German American Chamber of Commerce of the Midwest,
    Inc.

- AHK New York
  www.gaccny.com

  German American Chamber of Commerce, Inc. mit Zweigstellen in Philadelphia und San Francisco.

- Deutscher Famulantenaustausch (DFA)
  www.dfa-germany.de

  Der deutsche Famulantenaustausch organisiert ein internationales Austauschprogramm für Medizinstudenten und Ärzte. Es ist gegliedert in die Sparten:

  - Research Exchange,
  - Professional Exchange und
  - Public Health.

- European Law Students' Association
  www.elsa-germany.org

  ELSA, weltweit die größte Organisation von Jurastudenten, vermittelt Trainee-Austauschprogramme. Informationen auf der Website unter: „Was macht ELSA denn so alles?"

- German-American Business Council
  www.washgabc.com

  Details über Praktikantenstellen in der Organisation finden Sie auf der Website unter „Internships".

- IAESTE
  www.iaeste.de

  IAESTE Germany vermittelt fachbezogene Praktikumsplätze im Ausland. Mit den Schwerpunkten Ingenieur- und Naturwissenschaften, Land- und Forstwirtschaft. Unter "Praktika im Ausland" erfahren die Arbeitssuchenden alles Wesentliche über die Programme von IAESTE sowie die Teilnahmebedingungen und Bewerbungsmodalitäten.

- Pädagogischer Austauschdienst (PAD)
  www.kmk.org/pad/ueberbli.htm

  Aufgabe des PAD ist es, den internationalen Austausch im schulischen Bereich zu fördern. Studierende mit dem Studienfach Englisch können als angehende Fremdsprachenlehrer in den USA an Programmen teilnehmen.

- Zentralstelle für Arbeitsvermittlung (ZAV)
  www.arbeitsagentur.de

  Zu den Praktikumsprogrammen der ZAV gehören:

  - Praktikantenprogramm Crotched Mountain. Für den sozial- und erziehungspädagogischen Bereich. In einem gemeinnützigen Therapie- und Ferienzentrum für behinderte Kinder haben Praktikanten die Möglichkeit, den Lehrern zu assistieren. Gute Englischkenntnisse sind ebenso Voraussetzung wie Erfahrung im (sozial-) pädagogischen Bereich. Im Allgemeinen dauert das Praktikum sechs Monate, es kann aber auch kürzer sein oder bis zu 18 Monaten ausgedehnt werden.

  - AIPT-Trainee Exchange Program
    Association for International Practical Training
    www.aipt.org

    In Deutschland arbeitet diese amerikanische Austauschorganisation mit der ZAV zusammen, beispielsweise im AIPT-Summerjob-Program. Was hinsichtlich eines Praktikums im Rahmen des AIPT-Exchange-Program möglich ist, können Sie der Website unter „International Participant Applications" entnehmen. Dort finden Sie Informationen zu Teilnahmebedingungen, Rahmenbedingungen, Gebühren, Visainformationen, Checklisten, Anmeldeformularen. Beachten Sie bitte den Hinweis, dass Sie sich zunächst an den deutschen Partner von AIPT wenden sollten, wenn Sie an einem AIPT-Austauschprogramm teilnehmen möchten, also an die ZAV.

- Zahnmedizinischer Austauschdienst
  www.zad-online.com

  Der zahnmedizinische Austauschdienst ermöglicht Studierenden, im Ausland unentgeltlich zu praktizieren. Besonders lesenswert sind auf der Website die Erfahrungsberichte aus dem außereuropäischen Ausland.

 Tipp!

Über eventuelle Fahrtkostenzuschüsse für Austausch- und Praktikumsaufenthalte informiert der DAAD

www.daad.de

Mein Praktikum in den USA – ein Erfahrungsbericht

von Nicole Kroen

Vorbereitung

Die Vorbereitungen für mein Praktikum in den USA begannen eigentlich schon ein Jahr im Voraus. Ich hatte einen Sprachkurs an der Universität in Northridge, Kalifornien mit Unterbringung bei einer Gastfamilie gebucht, da ich das Praktikum im Großraum Los Angeles absolvieren wollte. So hatte ich drei Wochen Zeit, Kontakte zu knüpfen und meine Gastfamilie richtig kennen zu lernen. Zum Glück habe ich mich auf Anhieb sehr gut mit allen verstanden, womit auch klar war, dass ich während meines Aufenthalts im darauffolgenden Jahr dort wohnen konnte.

Etwa vier Monate vor Beginn des Praktikums begann ich mit den Bewerbungen. Ich suchte im Internet verschiedene Adressen von Unternehmen heraus und schickte zunächst nur ein Bewerbungsanschreiben los. Schon wenige Tage später meldete sich ein Autohändler, dem auch noch weitere Firmen und Immobilien gehörten, bei mir mit der Bitte um nähere Angaben zu meiner Person und dem Praktikum. Im Laufe des E-Mail Kontakts machte ich schon die erste Bekanntschaft mit den amerikanischen Geschäftspraktiken. Von Unternehmen in Deutschland war ich es gewohnt, dass meine Unterlagen bei Interesse sofort sorgfältig archiviert wurden. Die Amerikaner scheinen es jedoch damit nicht so genau zu nehmen, denn ich musste meine Vita mindestens fünfmal per E-Mail an das Unternehmen senden.

Nachdem ich die Zusage erhalten hatte, bewarb ich mich über CIEE (Council on International Educational Exchange) für das "Work and Travel USA"-Visum. Dadurch hatte ich die Möglichkeit, bis zu vier Monate in den USA zu arbeiten und anschließend noch bis zu 25 Tage zu reisen.

Das Praktikum

Schon am ersten Arbeitstag merkte ich, dass die amerikanische Organisation in einem Unternehmen mit Deutschland nicht zu vergleichen ist. Ich weiß natürlich nicht, ob es in den USA überall so gehandhabt wird, aber „meine" Firma schien eine von der besonders chaotischen Sorte zu sein. Anstelle einer Tür wurde das Büro durch eine gerahmte Fotografie von der Treppe getrennt, um die Bürokatzen vom Weglaufen abzuhalten. Im gesamten Büro gab es nur einen Aktenschrank und ein Regal, alle übrigen Verträge und Akten standen in Kisten auf dem Boden verteilt. Der Schreibtisch meines Chefs verschwand unter einem Berg von Papier und auf einmal wunderte es mich überhaupt nicht mehr, weshalb ich meine Unterlagen so oft mailen musste.

Die Arbeit an sich war für mich sowohl sprachlich als auch fachlich sehr lehrreich. Ich begleitete meinen Chef zu verschiedenen Konferenzen und Meetings, setzte mich mit den verschiedensten Verträgen auseinander und bearbeitete einige kleine Projekte, wie z. B. verschiedene Internet-Recherchen-Aufträge. Außerdem übernahm ich nach kurzer Zeit den Telefondienst, was mich sprachlich sehr forderte. Man muss sich am Telefon mit den verschiedensten Dialekten und Akzenten auseinandersetzen und vor allem sehr schnell reagieren. Am schlimmsten war es für mich mit Südstaatlern zu telefonieren, da musste ich gerade bei Telefonnummern mehrmals nachfragen.

Mit der Zeit lernte ich dann, mich im Chaos zurechtzufinden. Ich musste nur von jedem Dokument mindestens zehn Kopien machen, eine fand man bestimmt. Außerdem hatte ich regelmäßig die Möglichkeit, wenigstens einige der zahlreichen Kisten im Büro durchzusehen und neu zu sortieren.

Leben im Großraum L.A.

Das Leben in den USA ist anders. Eines muss man vor allem einplanen, wenn man im Großraum Los Angeles lebt und arbeitet: Zeit. Die Freeways sind eigentlich immer, von der Zeit zwischen 23 und 6 Uhr mal abgesehen, voll, und zwar nicht nur im Sinne von viel Verkehr, sondern von mehreren Meilen Stau. Das gute daran ist, dass man lernt, mit Geduld Auto zu fahren und es verbessert den Orientierungssinn, da man sich jeden Tag einen neuen Schleichweg suchen muss. Ich kannte mich nachher bestens aus in dem Gebiet zwischen dem San Fernando Valley und Downtown Los Angeles.

Meine Kollegen aus der Firma waren alle sehr nett und mit einigen habe ich mich sehr schnell angefreundet. Damit kam dann auch das Privatleben in Schwung und ich lernte einige der angesagtesten Bars und Clubs in Beverly Hills und Hollywood kennen, unter anderem die legendäre Sky Bar des Mondrian Hotels und Johnny Depps Viper Room. Allerdings sind die meisten Promis nicht halb so interessant, wie man sich das vielleicht vorstellt. Ich fand es zum Beispiel nicht sonderlich beeindruckend am Sonntagmorgen am Santa Monica Beach Arnold Schwarzenegger beim Fahrradfahren zu begegnen. Mit meiner Gastfamilie fuhr ich z. B. auf einen Western-Reitwettbewerb, an dem eine Tochter mit ihrem Pferd teilnahm. Ich begleitete sie zu verschiedenen Familienfesten. Auch von meinem Chef wurde mir in meiner Freizeit vieles geboten. Ich bekam Freikarten für ein Tennisturnier in Long Beach, wurde zu einer Firmenfeier im Nobelrestaurant Spago Beverly Hills eingeladen und begleitete ihn zu seinen anderen Unternehmen. An den Tagen, an denen im Büro nicht viel zu tun war oder er sich auf Terminen außer Haus befand, hatte ich genug Zeit, verschiedene Museen und andere Sehenswürdigkeiten zu besuchen.

Nicht beachtet habe ich während meiner Zeit in den USA allerdings, ausreichend Vitamine zu mir zu nehmen. Egal, wie viel Gemüse, Salat und Obst ich auch aß, wegen der falschen oder zu langen Lagerung bekam ich darüber kaum Nährstoffe und hätte auf Vitaminpräparate zurückgreifen müssen.

Mein Auto und die Versicherung

Das große Problem während meines Aufenthalts in der Autofahrerstadt Los Angeles war mein Auto. Ich hatte es schon vor meiner Ankunft von einer Studentin gekauft, die auch bei meiner Gastfamilie gewohnt hatte. Natürlich ohne vorherige Überprüfung in der Werkstatt und zu einem überhöhten Preis, wie sich später herausstellte.

Das Ganze fing schon mit der Eigentümerregistrierung beim DMV an, denn die erforderliche Abgasuntersuchung bestand das Auto nur knapp. Von da an blieb ich regelmäßig liegen, weil mir an Ampeln oder Kreuzungen der Motor ausging und sich nicht wieder starten ließ. Vorläufiges Highlight war mein erster Arbeitstag, an dem ich schon zu spät und mit kaputtem Auto vor der Tür stand. Ich war ganz in der Nähe des Büros mitten auf der Linksabbieger-Spur einer Kreuzung liegen geblieben und hatte schon den ganzen Berufsverkehr durcheinander gebracht. Glücklicherweise arbeitete ich für einen Autohändler, so konnte ich das Auto wieder fahrtüchtig machen lassen, ohne dass ich horrende Summen dafür ausgeben musste. Nachdem es aber mit dieser ersten Reparatur nicht besser wurde und ich mehrmals aus dem Weg geschoben werden musste oder auf Parkplätzen liegen blieb und niemand wusste, ob sich der Motor jemals wieder starten ließ, kam das Auto für einige Tage in die Werkstatt der Firma zur Generalüberholung. In der Zeit fuhr ich einen Mietwagen, welch eine Erholung. Danach war meine Kiste aber zum Glück wieder fahrtüchtig.

Der Verkauf vor meiner Abreise gestaltete sich nicht weniger schwierig als das Fahren mit dem Auto. Zunächst merkte ich sehr schnell, dass ich es nicht für den Betrag, den ich bezahlt hatte, verkaufen konnte. Trotzdem war es sehr schwierig, einen Käufer zu finden. Am Ende übernahm meine Freundin den Verkauf.

Ebenso problematisch verhielt es sich mit der Autoversicherung. Nachdem ich das Auto auf mich registrieren ließ, rief ich bei der Versicherung meiner Vorgängerin an und schilderte die Situation. Die Kundenberaterin am Telefon sagte mir, ich müsse nur meinen Namen angeben und die Versicherung verlängern, den erforderlichen Betrag könne ich mit Kreditkarte bezahlen. Etwa eine Woche später stellte mein Chef dann fest, dass der Versicherungsschutz nicht für mich galt und überschreiben konnte man mir die Versicherung auch nicht. Für eine neue musste ich allerdings den kalifornischen Führerschein machen, was sich wegen der langen Wartezeit auf die Sozialversicherungskarte deutlich verzögerte.

Als ich endlich die erforderlichen Unterlagen und auch den vorläufigen Führerschein hatte, musste ich also eine neue Versicherung abschließen und wieder bezahlen. Zunächst hatte ich also Ruhe. Nach ein paar Wochen bekam ich jedoch ein Anschreiben, dass mein Versicherungsschutz ausliefe, wenn ich nicht eine Kopie des endgültigen Führerscheins einreichen würde. Das ging allerdings nicht, weil sich die Behörden in den USA mindestens so viel Zeit lassen, wie die Behörden in Deutschland. Den endgültigen Führerschein habe ich übrigens immer noch nicht, da ich, als man ihn endlich ausgestellt hatte, schon nicht mehr im Land war. Dieses Problem mit der Versicherung konnte ich allerdings mit einigen Telefongesprächen recht schnell aus der Welt räumen.

Sollte ich jemals wieder eine Autoversicherung in den USA brauchen, werde ich die Verhandlungen und den Vertragsabschluss jemandem überlassen, der sich mit dem System wirklich auskennt. Die Probleme mit Auto und Versicherung haben mir vor Augen geführt, wie unbedarft man an vieles herangeht. In dieser Hinsicht bin ich vorsichtiger geworden.

Fazit

Das dreimonatige Praktikum in den USA hat mich in verschiedenen Gebieten sehr bereichert. Vor allem habe ich in sprachlicher Hinsicht viel dazugelernt, denn die Arbeit erforderte Spontaneität und schnelle Reaktion. Auch habe ich sehr viele interessante Menschen getroffen, zu denen ich noch immer regen Kontakt pflege. Durch meine Kollegen und Freunde konnte ich Land und Kultur richtig erleben, eine Erfahrung, die ich nicht missen möchte.

3.5 Au-pair-Aufenthalte

Um Au-pair-Stellen können sich junge Leute im Alter zwischen 18 und 26 Jahren bewerben.

Voraussetzungen sind gute Englischkenntnisse, Freude an der Arbeit mit Kindern, Erfahrung in der Kinderbetreuung, ein Führerschein der Klasse B, Interesse an Amerika und interkulturellen Erfahrungen, Offenheit und Anpassungsbereitschaft. Die Arbeitszeit beträgt maximal 45 Stunden pro Woche, bei zwei Wochen bezahltem Urlaub pro Jahr. Die Gastfamilie stellt ein Zimmer zur Verfügung, zahlt wöchentlich ein Taschengeld von ca. 100 bis 125 Dollar und übernimmt die Kosten für eine Krankenversicherung. Ein Besuchervisum genügt für diese Tätigkeit nicht. Es wird dringend davor gewarnt, ohne gültiges Visum in die USA zu gehen, um dort als Au-pair zu arbeiten. Sie gelten dann als illegal eingewandert: Wenn der Beamte der Einwanderungsbehörde auch nur vermutet, dass jemand mit der Absicht, als Au-pair zu arbeiten, einreist, kann er ihn oder sie zurückschicken. Deshalb ist es so wichtig, die richtigen Papiere vorher organisiert zu haben: Man benötigt als Au-pair unbedingt ein J-1-Visum, das ein Jahr gilt.

Mehrere deutsche Institutionen sind autorisiert, Au-pairs zu vermitteln. Das ist die Voraussetzung für ein J-1-Visum. Diese Institutionen arbeiten mit amerikanischen Organisationen zusammen und kontrollieren die Visumsbeschaffung sowie die Arbeitsbedingungen der Au-pairs. Entsprechende Internetadressen finden Sie auf der Site der amerikanischen Botschaft:

- Amerikanische Botschaft
  www.us-botschaft.de/germany-ger/austausch/index.html

  Die Austauschinformationen auf der Website der US-Botschaft in Deutschland enthalten einen speziellen Link zu Au-pair-Informationen, in dem die Rahmenbedingungen beschrieben und autorisierte Austauschorganisationen für Au-Pair-Bewerber aufgelistet werden. Dazu gehören:

  - AIFS
    www.aifs.de

  - Experiment e. V.
    www.experiment-ev.de

  - AYUSA
    www.ayusa.de

3.6 Ferienjobs und Freiwilligenarbeit

Es gibt viele Organisationen, die Ferienjobs in den USA vermitteln, z. B. Arbeit in amerikanischen Sommercamps sowie im Hotel- und Gaststättengewerbe. Besonders beliebt sind die Work-and-Travel-Programme. Die Teilnehmer arbeiten eine Zeitlang in einem Camp oder Resort und reisen im Anschluss auf eigene Faust durch das Land. In diesem Zusammenhang sind folgende Internetadressen relevant:

* AIFS
  American Institute for Foreign Study Group
  www.aifs.de/workandtravel

  AIFS Deutschland wurde 1983 als GIJK (Gesellschaft für internationale Jugendkontakte) gegründet. Seit 20 Jahren organisiert die AIFS Austauschprogramme für junge Leute zwischen 18 und 30 Jahren, die an einem Auslandsaufenthalt interessiert sind. Zu den Programmen gehören:

  – Camp America
    Junge Leute ab 18 jobben für mindestens neun Wochen in einem Sommercamp.

  – Resort America
    Schüler, Auszubildende und Studenten, die mindestens 19 Jahre alt sind, können für mindestens drei Monate in einer Sommer-Ferienanlage arbeiten. Erfahrungen im Hotel- und Gaststättengewerbe sind von Vorteil im Bewerbungsverfahren.

* TravelWorks
  www.travelworks.de

  In der Sparte „Travel and Work" werden zwei Programme angeboten:

  – Jobben und Reisen in den USA
    Zwischen zwei und fünf Monate können die Teilnehmer in den USA arbeiten und reisen, die Organisation gibt Tipps für die Arbeitssuche. Für die Bewilligung eines Visums muss man ein Jobangebot in den USA und eigene finanzielle Mittel nachweisen können. Arbeitsstellen sind in allen Branchen erlaubt außer in den Bereichen Medizin/Pharmazie, Au-pair, Lehrer und Trainer.

- Summercamp
  In den amerikanischen Sommercamps werden regelmäßig
  Mitarbeiter für die Dauer von mindestens neun Wochen
  benötigt, die die Kinder betreuen. Anschließend können
  die Teilnehmer 30 Tage durch die USA reisen.

Weitere Organisationen, die Ferien-/Austauschprogramme anbieten:

- IJAB
  Internationaler Jugendaustausch- und Besucherdienst der
  Bundesrepublik
  Hochkreuzallee 20
  53175 Bonn
  Tel.: +49(0)228-9506-0
  Fax: +49(0)228-9506-199
  www.ijab.de

- Aktion Sühnezeichen Friedensdienst e.V.
  Auguststraße 80
  10117 Berlin
  Tel: +49(0)30-283951 84
  Fax: +49(0)30-283951 35
  www.asf-ev.de

- EIRENE - Internationaler Christlicher Friedensdienst e.V.
  Engerser Straße 74b
  56564 Neuwied
  Tel: +49(0)2631-8379 0
  www.eirene.org

- Internationaler Christlicher Jugendaustausch, ICJA
  Kiefernstraße 45
  42283 Wuppertal
  Tel: +49(0)202-50 1081
  Fax: +49(0)202-50 6563
  www.icja.de

- AYUSA
  Ringstraße 69
  12205 Berlin
  Tel: +49(0)30-3939 0
  Fax: +49(0)30-3939 39
  www.ayusa.de

- Verein für Internationale Jugendarbeit
  Goetheallee 10
  53225 Bonn
  Tel: +49(0)228-69 8952
  Fax: +49(0)228-69 4166
  www.ekd.de/au-pair

- ZAV (Zentralstelle für Arbeitsvermittlung)
  Villemombler Straße 76
  53123 Bonn
  Tel: +49(0)228-713 0
  Fax: +49(0)228-713 1111
  www.arbeitsagentur.de

- Bundesamt für Zivildienst
  Sibille-Hartmann-Straße 2-8
  50964 Köln
  Tel: +49(0)221-3673 475/520
  Fax: +49(0)221-3673 661/662
  www.zivildienst.de

- DJH
  Deutsches Jugendherbergswerk Hauptverband
  Bismarckstraße 8
  32756 Detmold
  Tel: +49(0)5231-9936 41
  Fax: +49(0)5231-9936 66
  www.djh.de

Es gibt etliche Vermittlungsagenturen für ehrenamtliche Tätigkeiten (Voluntary Work) in Amerika. Sie erhalten dann kein Gehalt, aber für Unterkunft und Verpflegung ist gesorgt. Auch für Voluntary Work braucht man meistens ein Visum!

- AFS
  American Field Service
  www.afs.de

„AFS Interkulturelle Begegnungen" vermittelt Programme für Schüler und Freiwillige in den USA. Über den Button „Download von Bewerbungsunterlagen" werden Sie zu den wesentlichen Informationen geführt. Das Community Service Program wendet sich an Volunteers, die im Ausland ein halbes Jahr oder länger in einem sozialen oder ökologischen Projekt arbeiten möchten.

- Idealist
  www.idealist.org

  Auf dieser Site werden 40 000 Ferienjobs von weltweit operie-
  renden Non-Profit-Organisationen aufgelistet. Die Datenbank
  können Sie nach den Namen der Organisationen, deren Zielen
  (Mission) und nach US-Bundesstaaten durchforsten.

- Internet Nonprofit Center
  www.nonprofits.org

  Auf dieser Site finden Sie eine Linkliste, die zu vielen Non-
  Profit-Organisationen führt, beispielsweise zu den American
  Charities.

Als Fahrradkurier in New York – ein Erfahrungsbericht

von Michael Struckmann

Als ich damals alle Vorbereitungen für meine befristete Arbeitserlaubnis über den Council of International Education Exchange (CIEE) traf,
war ich mir eigentlich nicht ganz klar darüber, was ich wohl damit vor
Ort anfangen würde. Einerseits hatte ich zuvor erfolglos diverse Bewerbungen um Praktika in die USA geschickt und andererseits war das Pro-
zedere anderer Organisationen, die mir zu einer anderen Arbeitserfahrung
in den USA hätte verhelfen können, zu langwierig und bei meinem
schmalen Studienbudget zu teuer. So plante ich eigentlich erst einmal
einen schönen Urlaub in meinen verlängerten Semesterferien, der sich
der Gültigkeit meiner befristeten Arbeitserlaubnis von Anfang Juni bis
Ende Oktober anpassen sollte.

In New York angekommen, nahm ich zunächst an der obligatorischen
Orientierungsveranstaltung des CIEE teil und machte mich nach einer
weiteren Nacht in der Jugendherberge auf meinen langen Weg Richtung
Rocky Mountains und reiste von dort wieder zurück nach New York City.
Dabei lernte ich Land und Leute kennen, nutzte Verkehrsmittel wie Busse,
Bahnen und Mietwagen und schlief in Unterkünften wie Motels, Jugend-
herbergen und Campgrounds. Bei dieser Gelegenheit traf ich auch einige
Teilnehmer des Work & Travel USA-Programms, die teilweise einer sehr
interessanten und außergewöhnlichen Beschäftigung nachgingen.

Der CIEE gibt in diesem Zusammenhang eine Broschüre über entsprechende Anbieter heraus, die bereits Teilnehmer des Work & Travel-Programms beschäftigt haben. Sie ist wegen der breiten Palette an Jobmöglichkeiten sehr zu empfehlen.

Zurück in New York entschloss ich mich, als Fahrradkurier anzuheuern. Dieser Job bot mir neben der körperlichen Betätigung und der Spannung, im dichten Straßenverkehr zu bestehen, auch die Möglichkeit, täglich mein Amerikanisch durch Kommunikation mit anderen Kollegen und Kunden zu verbessern sowie die Stadt intensiv zu erkunden und kennen zu lernen. Mit Hilfe des Branchenverzeichnisses vor Ort fand ich die Adressen der diversen Kurierdienste und stellte mich dann sofort bei einem dieser Unternehmen mit Namen "Thunderball Courier Systems" vor. Nach einem kurzen Gespräch stelllte mich die Chefin für den nächsten Morgen acht Uhr ein. Natürlich waren an meine Einstellung einige Bedingungen geknüpft. So war noch ein Behördengang notwendig, um meine Social Security Card zu erhalten und ich benötigte noch unbedingt eine Fahrradkurierausrüstung: Fahrrad, Schloss, Luftpumpe, Flickzeug, Helm, Kuriertasche und einiges mehr. Während ich ein günstiges Fahrrad in einem Kaufhaus am Union Square erwarb, kostete mich ein gegen Diebstahl in New York City erprobtes Fahrradschloss mehr als das Fahrrad selbst.

Am nächsten Morgen brach ich von meinem ersten vorübergehenden Quartier – ein heruntergekommenes Hotel auf Staten Island – nach Manhattan auf. Dabei erfreute ich mich an dem Blick auf die Skyline von Downtown Manhattan, der ich mich mit der Staten Island Ferry mitsamt Fahrrad näherte. Auf Manhattan angekommen, rief ich meinen Arbeitgeber an und nahm die ersten Aufträge entgegen. Ich sammelte einige Pakete bei diversen Adressen im Süden Manhattans ein, meldete mich dann zwischenzeitlich immer wieder zum Entgegennehmen weiterer Aufträge bei meinem Arbeitgeber und lieferte dann während meiner Fahrt Richtung Midtown Manhattan die entsprechenden Pakete wieder aus. Dieses war nun meine ehrliche tägliche Arbeit von morgens acht Uhr bis sechs Uhr abends. Ich kämpfte mich durch den Verkehr Manhattans – vorbei an roten Ampeln und zwischen den gestauten Blechlawinen insbesondere der Sixth Avenue nordwärts und die Fifth Avenue sowie den Broadway in südliche Richtung. Mehrmals täglich umrundete und durchquerte ich die Insel, lieferte Pakete von und zu Banken, Versicherungen, Marketingagenturen, Hotels und Privatkunden und machte Pausen bei McDonalds & Co. Dabei war es oft neben dem Kampf gegen Hitze und Abgase trotz Atemschutzmaske nicht einfach, den entsprechenden Lieferboteneingang bei Erreichen der Zieladresse aufzufinden.

Die Bezahlung erfolgte wöchentlich per Auszahlungsscheck, wobei auf Grund der Akkordregelung die Anzahl der abgelieferten Punkte die Höhe des Betrags bestimmte. Sonderwünsche der Auftraggeber in Form von Schnellbeförderungen sowie Übergröße und Übergewicht der Pakete ergaben zusätzliche Provisionen für den Fahrradkurier. Trotz der Tatsache, dass man natürlich nicht zu Reichtum kam, war der Arbeitgeber aber sehr kulant, da die Chefin ihre Mitarbeiter nebenbei regelmäßig zu diversen Events wie Baseball- und Footballspielen einlud. Ich lernte in dieser Zeit viele Kollegen kennen, sodass ich auch nach kurzer Zeit meine Hotelhöhle verlassen konnte und bei einem Kollegen und späteren Freund unterkam.

Fazit

Während der ganzen Zeit erlebte ich selber nicht nur den starken Gegensatz zwischen Armut und Reichtum, sondern auch viel Aufregendes auf den Straßen von New York City. Dazu gehören sicherlich neben Unfällen und unsicheren Situationen in kritischeren Stadtteilen vor allem Dreharbeiten zu Kinofilmen, bei denen ich Hollywoodstars erkannte, die man sonst nur aus Film und Fernsehen kennt. Ich konnte während meiner Arbeit und in meiner Freizeit die Stadt näher kennenlernen, verbesserte mein Amerikanisch und hatte eine phantastische Zeit – und ganz nebenbei hat's meinem Lebenslauf auch nicht geschadet.

4 Arbeitssuche

4.1 Bewerbungsmöglichkeiten von Deutschland und den USA aus

Wenn Sie in Eigenregie Arbeit suchen möchten, müssen Sie viel Zeit investieren. So müssen Sie zunächst einen Arbeitgeber finden, der bereit ist, für Sie ein Labor Certification, eine Zusage der Stelle, auszustellen – es sei denn, Sie haben einen Beruf, für den Personalknappheit prognostiziert ist. Die meisten Arbeitgeber scheuen allerdings den Aufwand, die Formulare auszufüllen und die Unterlagen zusammenzustellen. Sie ziehen es vor, jemanden einzustellen, der schon im Land ist. Es ist deshalb nicht leicht, von Deutschland aus eine Stelle in den USA zu finden. Sie können allerdings die Hilfe verschiedener Institutionen in Deutschland oder Amerika in Anspruch nehmen – je nachdem, ob Sie mehrere Jahre in den USA arbeiten, nur in den Ferien jobben oder ein Praktikum absolvieren möchten. Bewerben Sie sich nicht nur in New York, sondern auch in anderen Regionen. Die Amerikaner sind selbst sehr mobil und zögern nicht, ihre Stellen zu wechseln und in einen anderen Bundesstaat zu ziehen. Alternativen für die Arbeitssuche in den USA:

- Sie können sich auf Annoncen in international erscheinenden Zeitungen bewerben, die sich an Nicht-Amerikaner wenden. Häufig suchen auch Personalberatungen in deutschen Zeitungen Bewerber für amerikanische Firmen (z. B. in der Frankfurter Allgemeinen Zeitung). S. Kapitel 4.3.

- Sie wenden sich an international tätige deutsche und amerikanische Firmen in Deutschland. Dort besteht die Aussicht, später in die USA entsandt zu werden. Informationen dazu erhalten Sie z. B. bei der Deutsch-Amerikanischen Auslandshandelskammer. S. Kapitel 12.6.

- Sinnvoll ist es auch, amerikanische Firmen direkt anzuschreiben und ihnen den Termin zu nennen, zu dem man in den USA ist und zu einem Informationsgespräch kommen könnte. So können Sie die Trends auf dem Arbeitsmarkt studieren und weitere Kontakte knüpfen. S. Kapitel 4.1 und 4.2.

- Nutzen Sie die Möglichkeiten, die Ihnen das Internet und kommerzielle Online-Anbieter bei der Kontaktaufnahme zu Firmen, bei der Suche nach offenen Stellen, beim Verfassen des Lebenslaufs und bei Recherchen über potenzielle Arbeitgeber bieten. S. Kapitel 5.

- In Amerika selbst gibt es verschiedene Alternativen bei der Arbeitssuche, z. B. staatliche und private Vermittlungsagenturen, Personalmessen, Job-Hotlines. Sie sollten allerdings beachten, dass es untersagt ist, ohne Visum bzw. mit einem schlichten Touristenvisum zum Zweck der Arbeitssuche in die USA einzureisen. S. Kapitel 2.1 bis 2.3 und Kapitel 11.

- Experten empfehlen, sich schon möglichst früh um eine Auslandstätigkeit zu bemühen. Es gibt in diesem Zusammenhang ausgezeichnete Austauschprogramme z. B. für Praktika und Au-pair-Jobs in den USA. S. Kapitel 3.4 bis 3.6.

- Überlegen Sie auch, ob Sie eventuell bereit sind, zu Beginn Ihres Aufenthalts eine Zeitarbeit (Temporary Job) für Wochen oder Monate in den USA anzunehmen. S. Kapitel 2.3.

4.2 Networking

Es heißt, dass ca. 70 bis 80% der Stellen nicht in Anzeigen und von Agenturen veröffentlicht werden. Wenn das stimmt, dann muss man versuchen, auf andere Weise in diesen verdeckten Arbeitsmarkt einzudringen. „Hidden Job Market" kann bedeuten, dass Stellen schon genehmigt, aber noch nicht ausgeschrieben sind oder dass sie intern besetzt werden sollen. In jedem Fall ist es wichtig, möglichst früh davon zu erfahren:

- durch Networking (Warm Calls) über Bekannte,
- durch unaufgeforderte Kontaktaufnahme zu Arbeitgebern (Cold Calls).

Networking kann Ihre Chancen auf dem Arbeitsmarkt also wesentlich verbessern. Sie müssen allerdings selbst die Initiative ergreifen und dürfen nicht abwarten, bis Ihnen jemand von sich aus eine Stelle anbietet. Natürlich brauchen Sie eine Portion Selbstvertrauen, um die Hilfe anderer in Anspruch zu nehmen. Sie werden aber die Erfahrung machen, dass man Ihnen gern weiterhilft, wenn Sie höflich darum bitten, ohne aufdringlich zu werden. Um ein Netzwerk aufzubauen, sollten Sie auf privater oder beruflicher Ebene alle erdenklichen Beziehungen nutzen, die Ihnen bei der Arbeitssuche behilflich sein können:

- Familie und Freunde,
- ehemalige Arbeitgeber und Kollegen,
- Kunden,
- Aussteller auf Messen,
- Kommilitonen, Professoren,

- Teilnehmer an Seminaren,
- Bekannte aus Berufsverbänden,
- Bekannte, die in einer amerikanischen Firma in Deutschland oder schon in den USA arbeiten.

Networking funktioniert übrigens auch über das Internet, d. h. in Foren und Chatgroups. Sie teilen den Gesprächspartnern mit, dass Sie gern in Amerika arbeiten möchten, dass Sie Kontaktpersonen in Deutschland oder in den USA suchen und dankbar für alle Tipps sind. Networking-Gespräche unterscheiden sich wesentlich von den Employment Interviews, den Vorstellungsgesprächen:

- Sie bitten um Informationen, nicht um eine Stelle.
- Sie sind selbst der Interviewer, nicht der Interviewte.
- Sie ergreifen die Initiative, nicht Ihr Gesprächspartner.

Je besser Sie Ihre Berufsziele auf den Punkt bringen, desto konkreter können Ihnen Ihre Network-Kontakte mit Tipps und Anregungen weiterhelfen. Machen Sie sich also vorher Gedanken darüber, welche Position Sie anstreben und wie Sie Ihre Qualifikation am besten verkaufen können. Ziel eines Networking-Gesprächs ist es, Informationen über den Arbeitsmarkt zu sammeln und vor allem neue Kontakte zu knüpfen. In Ihren Fragenkatalog gehören Aspekte wie:

- Welche Firmen vergrößern sich?
- Wo werden Stellen frei?
- Welche Schwerpunkte sind in der Branche gefragt?
- Welche Erfahrungen, Skills und Persönlichkeitsmerkmale sollte man mitbringen, um für die Firmen interessant zu sein?
- Welche Karrieren sind möglich?
- Wo erhält man Informationen?
- Was sollte im Lebenslauf stehen?
- Wie heißen die in Frage kommenden Abteilungsleiter (Line-Supervisors), die häufig die Entscheidung fällen?
- Auskünfte über die Firma: Jahresbudget, Verkaufsvolumen, Anzahl der Angestellten, Profit, Filialen

und vor allem die entscheidende Frage:

- Können Sie mir weitere Kontaktpersonen empfehlen?

Aber übertreiben Sie nicht: Nehmen Sie nicht zu viel Zeit Ihrer Gesprächspartner in Anspruch.

Bedrängen Sie sie nicht mit Fragen, sondern lassen Sie diese erzählen, hören Sie gut zu und zeigen Sie Interesse an ihrer Person. Wenn man Ihnen weitere Kontaktpersonen empfiehlt, vergessen Sie nicht zu fragen, ob Sie den Namen Ihres Gesprächspartners bei der Kontaktaufnahme verwenden dürfen.

Nach einem Networking-Gespräch ist es selbstverständlich, Dankschreiben (Thank-You-Notes) zu schicken. Diese kurzen Briefe machen in Amerika immer einen guten Eindruck. Sie zeigen damit, dass Sie höflich sind. Man wird sich eher an Sie erinnern.

In Networking-Gesprächen sammeln Sie nicht nur Informationen über Ihre Branche und den Hidden Job Market, Sie trainieren darüber hinaus gleichzeitig, in diesem Marketingprozess der Arbeitssuche bei Ihren Ansprechpartnern einen möglichst positiven Eindruck zu hinterlassen, d. h. später in Vorstellungsgesprächen zu vermitteln, dass Sie genau die Person sind, mit der die Firma zusammenarbeiten sollte.

 Tipp!

Tragen Sie immer genügend Visitenkarten bei sich. Amerikaner tauschen sie gern aus. Ein Kontakt ergibt so den nächsten und führt eventuell zu einem Vorstellungsgespräch. So könnten Sie z. B. am Rande eines Kongresses fragen: „Would you mind if I gave you my card? I sure would appreciate a call if you hear of anything."

Sicherlich ist es schwierig, von Deutschland aus ein Netzwerk aufzubauen. Es lohnt sich aber in jedem Fall, alle Anstrengungen zu unternehmen. Es ist erwiesen, dass direkte Kontakte viel effektiver sind als alle anderen Methoden der Arbeitssuche: Wenn in einem Unternehmen z. B. kein interner Bewerber zur Verfügung steht, werden die Mitarbeiter gefragt, ob sie geeignete Kandidaten kennen. Dann wird sich Networking für Sie auszahlen.

Networking über Bekannte allein genügt nicht. Wer kennt schon in jeder interessanten Firma jemanden? Sie sollten deshalb auch versuchen, Kontakte zu potenziellen Arbeitgebern herzustellen, ohne dass Bekannte dies für Sie arrangiert haben. Ergreifen Sie z. B. die Initiative, indem Sie gezielt Bewerbungsschreiben (Target Letters) an mehrere Firmen schicken/ mailen oder dort anrufen. Dies bringt Ihnen zwar nicht unbedingt eine Stelle ein, aber Informationen und weitere Kontakte. (vgl. Kapitel 4.4). Wie Sie an die Adressen von Unternehmen kommen, die für

Sie interessant sein könnten? Auch in diesem Zusammenhang hilft Ihnen
das Internet weiter. Sie können die Verzeichnisse nutzen, die wir im Kapitel 9.3 unter „Firmenrecherchen" aufgelistet haben. Informativ ist auch:

- InfoUSA
  www.infousa.com

  „Sales Leads and Mailing Lists USA" enthält 14 Millionen Einträge der amerikanischen Gelben Seiten. Suchkriterien sind:

  - Business Name,
    - Category,
    - Reverse Number Search.

Sie erhalten Einsicht in Adressen und Telefonnummern der Unterneh-
men. Gegen eine zusätzliche Gebühr können Sie Zusatzinformationen
(Business Credit Reports) abrufen. Dazu gehört auch ein Management
Directory mit Namen und Titeln der Verantwortlichen.

Tipps für Briefe und Mails an eine Networking-Kontaktperson

Drei Punkte sollte jeder Brief/jede Mail aufweisen:

- Sie stellen sich kurz vor und erklären, von wem Sie den Namen
  und die Adresse erhalten haben.

- Sie beschreiben Ihren Background und stellen zwei bis drei Fragen.

- Sie kündigen an, dass Sie anrufen werden bzw. welche anderen
  Schritte Sie unternehmen werden.

- Ein Networking-Brief soll einen ungezwungenen „conversational" Ton haben, z. B. könnten Sie schreiben:

  *I'm coming for a visit in June to do a little networking. Is
  there any chance we can meet on September 10th or 11th?
  I'd appreciate it if you could squeeze me in.*

Tipps für Telefonate mit einer Networking-Kontaktperson

Es muss Ihnen gelingen, sofort das Interesse des Gesprächspartners zu wecken und ihn direkt anzusprechen. So könnten Sie z. B. zu Beginn des Anrufs sagen:

X suggested I call you to see if I might get some advice.

Bereiten Sie eine Liste der Fragen vor, die Sie Ihrem Ansprechpartner stellen wollen. Sie müssen vorher genau wissen, was Sie sagen/fragen wollen. Verlieren Sie dabei nicht Ihr Ziel aus den Augen: ein Treffen zu vereinbaren – oder zumindest die Namen von weiteren Kontaktpersonen zu erhalten.

- Sie erklären zu Beginn, wie Sie die Telefonnummer und den Namen des Ansprechpartners erhalten haben. Sie stellen sich kurz vor.

- Sie beschreiben kurz, welche Berufserfahrungen Sie mitbringen und welche Position Sie anstreben.

- Sie fragen, ob Ihr Gesprächspartner Zeit für ein persönliches Treffen hat oder ob Sie am Telefon Fragen stellen dürfen.

- Sie fragen eventuell schon nach Details, z. B. nach Trends in der Branche, Tipps für die Arbeitssuche oder nach Bewerbungsverfahren in dem Unternehmen.

- Sie bieten Ihrem Gesprächspartner an, einen Lebenslauf auf Wunsch zuzusenden.

- Fragen Sie auf jeden Fall nach weiteren Kontaktpersonen und danach, ob Sie den Namen Ihres Gesprächspartners nennen dürfen.

- Sie bedanken sich mit einem kleinen Brief. „What you told me, was very instructive. It helped me to ..."

(Geeignete englische Formulierungen, Mustersätze und -fragen finden Sie auch im Kapitel 6.2)

Networking im alten Stil wird von einigen Experten als out beschrieben, da immer weniger Mitarbeiter Zeit für unverbindliche Gespräche haben. Aber trotzdem ist es wichtig, Firmen zu kontaktieren. Fangen Sie so früh wie möglich an, Kontakte zu knüpfen und nicht erst, wenn Sie bereits Arbeit suchen. Newsgroups sind mit Clubs zu vergleichen, in die die Neuen, die „Newbies", nicht einfach hineinplatzen sollten. Sie müssen

Zeit investieren, auch wenn Sie online Kontakte knüpfen wollen und erst einmal eine Weile regelmäßig zuschauen, bevor Sie sich aktiv beteiligen. Es gibt ca. 10 000 Internet Newsgroups. Welche davon für die Arbeitssuche interessant sind, finden Sie im folgenden Register heraus:

http://usenet-addresses.mit.edu

4.3   Stellenanzeigen in amerikanischen Zeitungen

Sie können selber eine Annonce aufgeben, z. B. in einer Lokalzeitung der Gegend, in der Sie gern arbeiten möchten, bzw. auf Stellenanzeigen antworten. Allerdings ist die Trefferquote relativ gering. Nur maximal 15% der Arbeitslosen finden eine Stelle über diese Anzeigen. Es gibt auch Untersuchungen, die sogar nur von 5% ausgehen! Versuchen sollten Sie es trotzdem: Die Sonntags- und Mittwochsausgaben sind besonders interessant. Beachten Sie auch ältere Zeitungen – es könnte sein, dass ähnliche Stellen bei einer Firma noch einmal frei werden. Auch die Zeitschriften amerikanischer Berufsverbände sollten Sie auf Stellenanzeigen hin durchblättern. Im Verzeichnis der American Society of Association Executives sind viele Berufsverbände aufgelistet:

- American Society of Association Executives
  www.asaenet.org

Viele Arbeitgeber scheuen sich übrigens davor, Stellen in Printmedien auszuschreiben: zum einen wegen der Kosten, zum anderen, weil es Anfragen und Bewerbungen hageln könnte.

Häufig ziehen sie es deshalb vor, Kandidaten mit Hilfe von Bekannten zu suchen oder online zu annoncieren. Die Stellenanzeigen in den amerikanischen Zeitungen wenden sich natürlich vor allem an Amerikaner und nicht an Bewerber aus anderen Ländern – es sei denn, es geht um hochspezialisierte Jobs und besonders qualifizierte Arbeitnehmer. Die Lektüre der Stellenanzeigen empfiehlt sich in jedem Fall, um einen Überblick über den amerikanischen Arbeitsmarkt, Gehälter, gefragte Qualifikationen und berufliche Schwerpunkte zu erhalten.

In den USA gibt es kaum überregionale Zeitungen. Die regionalen spielen für Bewerbungen eine wichtige Rolle. Wenn Sie wissen, in welcher Gegend Sie arbeiten möchten, sollten Sie sich auch die Stellenanzeigen in den Lokalblättern ansehen. Viele Zeitungen können Sie schon von Deutschland aus im Internet auf Stellenanzeigen hin durchblättern, z. B. *Wall Street Journal, USA Today* und Lokalzeitungen wie *New York Times, St. Francisco Chronicle, Chicago Tribune und Washington Post.*

- USA Today Careers Network
www.usatoday.com

  Unter „Careers Network" können Arbeitsuchende auf die
  folgenden Dienste zurückgreifen:
  – Find a Job,
  – Career News,
  – Expert Advice,
  – Job Hunt.

- Washington Post
www.washingtonpost.com

  Die Onlineausgabe der Washington Post enthält neben einer
  Stellendatenbank eine Fülle interessanter Materialien für Ihre
  Arbeitssuche in den USA. Dazu gehören:
  – Career Talk,
  – Career News,
  – Salaries,
  – Columnists,
  – Company Research.

- Wall Street Journal
www.careerjournal.com

  Die Redaktionen des Wall Street Journal und der CareerJournal
  Jobsite betreiben gemeinsam diese Site: „The Premier Career
  Site for Executives, Managers and Professionals."
  Schwerpunkte der Stellendatenbank sind Verkauf, Marketing,
  Finanzen, Technologie – vor allem Führungspositionen. Die
  Fülle der Zusatzinformationen für Arbeitssuchende ist beein-
  druckend.

 Tipp!

*Sie suchen die Namen weiterer Tageszeitungen? „News Directory"
ist eine Topadresse, wenn es um lokale Zeitungen geht:*

- *NewsDirectory*
www.ecola.com
*Die Tageszeitungen sind nach verschiedenen Bundesstaaten
und Postleitzahlen (Area Codes) gegliedert. Sie finden hier kleine Lokalzeitungen, auf die Sie sonst nicht stoßen würden.*

Abkürzungen, die Ihnen in Stellenanzeigen immer wieder begegnen werden

am/pm	morning/afternoon	Vormittag/Nachmittag
appt	appointment	Verabredung
asst	assistant	Assistent
bfts	benefits	Zuwendungen
bilgl	bilingual	zweisprachig
co	company	Gesellschaft
coll	college	College
dept	department	Abteilung
driver's lic	driver's license	Führerschein
req'd	required	benötigt
EOE	Equal Opportunity Employer	Arbeitgeber beachtet Gleichstellung
ex/exc	excellent	ausgezeichnet
exp	experience	Berufserfahrung
exec	executive	Manager
Fax Res	Resume per Fax	Lebenslauf per Fax
send res/ltr	send resume/letter	Lebenslauf/Brief senden
F/M	Female/Male	weiblich/männlich
FT/PT	Full-Time/Part-Time	Vollzeit/Teilzeit
3+yrs exp	3+ years experience	mehr als 3 Jahre Erfahrung
HR	Human Resources	Personalabteilung
40 hrs/wk	40 hours per week	40 Stunden pro Woche
hs/HS	high school	Oberschule
immed	immediate	umgehend
inc'g salary	including salary	mit Gehalt
K	thousands	Tausend
med	medical	medizinisch
mfg	manufacturing	produzierend
mgr	manager	Manager
min	minimum	Minimum
nat'l	national	national
nec	necessary	notwendig
no	number	(An-)Zahl
ofc	office	Büro
oppty	opportunity	Gelegenheit
pd	paid	bezahlt
perm	permanent	dauerhaft
pref'd	preferred	bevorzugt

ref	reference	Referenz
req'ts	requirements	Erfordernisse
req	required	notwendig
sal	salary	Gehalt
sec, secty	secretary	Sekretär/in
supr	supervisor	leitender Angestellter, Kontrolleur
tech	technician	Techniker
trnee	trainee	Auszubildender, Praktikant
vac	vacation	Urlaub
wpm	words per minute	Wörter pro Minute
yr, yrs	year, years	Jahr, Jahre

Und noch ein Tipp!

Wenn Sie auf Anzeigen antworten wollen, finden Sie selten Namen von Ansprechpartnern. Versuchen Sie auf jeden Fall, telefonisch den Namen des Employment Managers zu erfragen. Manchmal sind die Annoncen bewusst von der Firma als „blind" - d. h. ohne Kontaktperson - aufgegeben, damit der Arbeitgeber nicht allen Bewerbern absagen muss. Rechnen Sie also nicht unbedingt mit einer Antwort. Sie können aber anrufen und sich erkundigen. Blind Ads werden auch aufgegeben, um herauszufinden, welche Gehaltsvorstellungen die Bewerber haben und welche Kandidaten es überhaupt auf dem Arbeitsmarkt gibt. Nennt die Firma nicht ihren Namen, wird es schwierig, auf die Anzeige zu antworten. Sie sollten sich in einem solchen Fall vergleichbare Stellenanzeigen ansehen, in denen die Unternehmen ihren Namen angegeben haben, um daraus Schlüsse auf das Bewerberprofil ziehen. Im Begleitschreiben gehen Sie dann auf die Bedürfnisse der Branche und nicht der Firma ein (vgl. Kapitel 7). Wenn in der Annonce „asap" (as soon as possible) steht, können Sie Ihre Antwort auch als Fax schicken. In anderen Fällen ist es besser, den potenziellen Arbeitgeber mit schönem Briefpapier und gutem Druck zu beeindrucken.

4.4   Informationsaufenthalte

Je besser Sie über Trends, neue Märkte und neue Technologien informiert sind, desto leichter finden Sie heraus, wo die Jobs sind. So empfiehlt es sich, einen ersten Aufenthalt in den USA zu nutzen, um Informationen über den Arbeitsmarkt zu sammeln und persönliche Kontakte zu knüpfen. Es ist allerdings nicht erlaubt, ohne Visum oder nur mit einem Touristenvisum in die USA zu reisen, mit dem Ziel, dort eine Arbeit aufzunehmen - es sei denn, es handelt sich um Work–and–Travel- Programme. Dieses Kapitel wendet sich daher an Interessenten, die

- am Rande eines Urlaubsaufenthalts in den USA erste Recherchen durchführen möchten oder

- an Leser, die schon glückliche Besitzer einer Arbeitserlaubnis oder eines Visums sind.

Nutzen Sie Besuche bei Freunden oder andere USA-Aufenthalte, um in Referenzbibliotheken, College Placement Centers, deutsch-amerikanischen Auslandshandelskammern etc. vorbeizugehen. Ziel des Informationsbesuchs ist es, möglichst viele Details über den Arbeitsmarkt und interessante Firmendaten zu sammeln sowie Kontakte zu knüpfen.

- Sie finden heraus, welche Probleme Unternehmen haben und können später in Ihren Bewerbungen gezielt Vorschläge machen, wie Sie mit Ihrer Qualifikation zur Lösung beitragen können.

- Sie versuchen vor allem, möglichst viele Namen potenzieller Ansprechpartner (Referrals) zu erhalten.

Wenden Sie sich auch an kleine und mittelgroße Firmen. Diese stellen häufiger Bewerber ein als die großen, die z. B. in „Fortune 500" aufgeführt sind. Seit 1980 sollen kleinere Firmen, d. h. Firmen mit weniger als 500 Angestellten ca. 80 % der neuen Jobs geschaffen haben. Sie gelten als innovativ und können oft schneller auf neue Trends reagieren als größere Unternehmen. Laut US-Department of Labor werden Stellen folgendermaßen vergeben:

- 65 % in kleinen Organisationen (bis 250 Mitarbeiter),
- 20 % in mittleren Organisationen (250 bis 1000 Mitarbeiter),
- 15 % in großen Organisationen (über 1 000 Mitarbeiter).

Auch die kleineren Unternehmen schreiben häufig ihre offenen Stellen nicht aus, sodass es sich lohnt, dort vorbeizugehen und nach Vakanzen zu fragen. In kleineren Firmen können Sie außerdem leichter Kontakte zu den Verantwortlichen herstellen. Geben Sie sich nicht nur engagiert und motiviert, sondern betonen Sie auch, dass Sie lernfähig und flexibel sind – eine wichtige Qualität insbesondere in kleineren Firmen, wo alle mit anpacken müssen. So steigern Sie Ihre Chancen, zu einem Gespräch eingeladen zu werden.

Tipps für unaufgeforderte Anrufe (Cold Calls)

- Fassen Sie sich kurz, seien Sie nicht aufdringlich.
- Wecken Sie Interesse an Ihrer eigenen Person.
- Zeigen Sie, dass Sie sich über die Firma informiert haben.
- Wenn Sie um ein Resume gebeten werden, senden Sie es mit einem Begleitschreiben zu.
- Wenn Sie zu einem Informationsgespräch eingeladen werden, senden Sie einen Dankesbrief (vgl. Kapitel 6.2 und 9.9).

„Being polite but persistant" lautet die Devise bei dem Versuch, die richtigen Leute zu kontaktieren. Wichtig ist es, schon an der Rezeption oder der Sekretärin gegenüber einen guten Eindruck zu machen, in der Hoffnung, dass diese Sie mit den entscheidenden Personen verbindet. Auf keinen Fall sollten Sie ohne Vorankündigung bei einer Firma vorbeigehen: Vereinbaren Sie vorher unbedingt einen Termin. Es empfiehlt sich, zunächst einen Lebenslauf mit entsprechendem Begleitschreiben an die Firma zu schicken/mailen und danach dort anzurufen und einen Gesprächstermin zu vereinbaren.

Kontaktieren Sie vor allem Firmen aus Wachstumsindustrien. Lesen Sie Zeitungsberichte über expandierende Firmen, die im Wall Street Journal oder im Occupational Outlook Quarterly (US-Department of Labor) bzw. im Internet zu finden sind. Diese Lektüre verschafft Ihnen wichtige Hintergrundinformationen und lässt Sie auch bei Vorstellungsgesprächen souveräner auftreten. Halten Sie sich generell mit Zeitungsartikeln auf dem Laufenden, in denen berufsbezogene Beiträge erscheinen, wie z. B. Business Week, Forbes, Wall Street Journal, Fortune, Inc. Magazine.

Sollten Sie dann wirklich interessierte potenzielle Arbeitgeber finden, müssen Sie, wenn Sie zurück in Deutschland sind, die nötigen Schritte zur Beschaffung eines Visums einleiten.

Da Informationsaufenthalte teuer sind, sollten Sie möglichst viele Recherchen schon in Deutschland durchführen. Denken Sie auch an die Möglichkeiten, die Ihnen das Internet und die kommerziellen Online-Dienste bieten (vgl. Kapitel 5).

Tipps für Informationsgespräche

- Achten Sie auch in Informationsgesprächen auf ein gepflegtes Äußeres: passende Kleidung und adrette Erscheinung.
- Seien Sie freundlich, schon an der Rezeption.
- Fassen Sie sich kurz. Informationsgespräche sollten nicht länger als 20 Minuten dauern.
- Stellen Sie keine simplen Fragen, sondern zeigen Sie mit fundierten Fragen, dass Sie Ihre Hausaufgaben gemacht und sich vor Ihrem Besuch gut über die Firma informiert haben.
- Natürlich müssen Sie begründen können, warum Sie in den USA arbeiten möchten.
- Vergessen Sie anschließend nicht, sich in einem Brief zu bedanken. Legen Sie einen Lebenslauf bei.
- Bleiben Sie am Ball!

Zu den Fragen, die Sie selbst stellen können, gehören:

- How did you get started in your profession?
- How did you get into this line of work?
- What projects have you been working on that interest you?
- What skills do you make use of?
- What problems/challenges do you face?
- What are some of the problems you deal with?
- What's the market place like for people with my level of experience?
- Do you have any ideas how a person with my qualifications might find a job in this field?

- What are the skills and the background needed to be successful in this company/industry?
- Is the company planning any future expansion?
- What problems are to overcome in this area?
- How would you describe the company culture at this company?
- Can you give me a general idea of the salary range for this type of job?
- Who else should/could I contact?
- Could you refer me to anyone else in your field?
- May I stay in touch with you?
- Do you mind if I take a few notes?
- Is it OK if I take this name down?

Vergessen Sie nicht, sich am Ende des Gesprächs den Namen und Titel des Gesprächspartners aufzuschreiben und sich zu bedanken. Und machen Sie sich auf jeden Fall während des Gesprächs Notizen.

- Datum,
- Telefonnummer,
- Name, Titel,
- Firma,
- Adresse,
- Sekretärin,
- empfohlen von ...,
- Zusammenfassung des Gesprächs,
- Informationen durch den Arbeitgeber,
- Nächster Schritt,
- Zusätzliche Kontaktpersonen,
- Dankschreiben.

In den achtziger und zu Beginn der neunziger Jahre waren Informationsinterviews in. Sie galten und gelten auch heute noch als eine gute Methode, einen Überblick über den Arbeitsmarkt zu erhalten, Kontakte zu knüpfen und sich für Vorstellungsgespräche zu trainieren. Seit die Konzerne ganze Hierarchieebenen wegrationalisiert haben, nehmen sich allerdings immer weniger Arbeitgeber die Zeit für Gespräche mit Interessenten, die sich unverbindlich über die Firma/Branche informieren möchten. Inzwischen sagen einige Berater, dass diese Gespräche out seien. „Prospecting" ist das neue Stichwort: Sie wenden sich per Telefon oder Brief direkt an eine Firma mit dem Hinweis, dass Sie eine Stelle suchen und gern einen Gesprächstermin hätten. Sie wissen zwar nicht, ob eine Stelle frei ist oder nicht, haben aber die Möglichkeit, in einem Gespräch einen bleibenden Eindruck zu hinterlassen. Bei Interesse wird der Arbeitgeber Sie berücksichtigen, wenn er daran denkt, eine neue Stelle zu besetzen und ein Bewerbungsverfahren einzuleiten.

Tipps für die Vorbereitung auf Informations- und Vorstellungsgespräche

Beachten Sie, dass die Namen der Manager zwar in einigen Directories genannt werden, aber häufig schon nicht mehr stimmen. Investieren Sie die Zeit und das Geld für einen Anruf, um sicherzugehen, dass Sie an den richtigen Adressaten schreiben. Folgende Informationen sollten Sie sich beschaffen, damit Sie gut vorbereitet in ein Informations- oder Vorstellungsgespräch gehen:

- Unternehmensgeschichte,
- Corporate Identity,
- Filialen,
- Produkte,
- Dienstleistungen,
- Konkurrenten,
- Größe,
- Umsätze,
- Planung für die nächsten Jahre.

Um an Informationen für die Vorbereitung auf Vorstellungsgespräche heranzukommen, sollten Sie nicht nur Nachschlagewerke wälzen, sondern auch auf folgende Informationsquellen zurückgreifen:

- Homepages der Unternehmen,
- Computer Bulletin Boards,
- Yellow Pages,
- alte und neue Stellenanzeigen in Zeitungen,
- Informationsgespräche in Firmen,
- Jobbörsen,
- Unternehmensbroschüren,

- Geschäftsberichte der Firmen (über die Public-Relations-Abteilungen),
- Fach-/Berufsverbände,
- Zeitschriftenartikel.

Die Mühe lohnt sich, denn die amerikanischen Experten sagen:

If you will not find the employer, he won't find you!

In Deutschland sind die Bibliotheken der Deutsch-Amerikanischen Institute wahre Fundgruben für die Recherchen über potenzielle Arbeitgeber (Adressen im Anhang). In den USA sind die Bibliotheken der College Placement Centers oder die Job Centers der lokalen Bibliotheken die richtigen Informationsquellen. Scheuen Sie sich nicht, dort direkt die Bibliothekare um Hilfe zu bitten:

I am researching career opportunities in ... Can you recommend any business directories that will provide names and addresses of specific companies in the ... area?

Wir sind beispielsweise während der Recherchen für dieses Buch sehr freundlich und kompetent unterstützt worden, und zwar in der

- New York Public Library
  Mid Manhattan Branch
  455, Fifth Avenue, 40th Street
  New York

Interessant für Ihre Arbeitssuche in den USA sind auch die deutsch-amerikanischen Auslandshandelskammern in New York, Chicago, San Francisco, Atlanta und Philadelphia. Sie stellen regelmäßig Adressen deutsch-amerikanischer Firmen zusammen und veröffentlichen u.a. informative Broschüren zum amerikanischen Arbeitsrecht und zur Visabeschaffung (Adressen im Anhang).

Das Internet bietet vielfältige, preiswerte Möglichkeiten der Informationssuche. Sie können den Radius Ihrer Recherchen über dieses Medium wesentlich erweitern. Am besten beginnen Sie dabei mit der Homepage der von Ihnen ausgewählten Firma. Je mehr Informationen Sie erhalten, desto überzeugender werden Sie bei Gesprächsterminen auftreten können.

Exkurs: SIC-Nummern

In vielen Nachschlagewerken und im Internet stoßen Sie auf so genannte SIC-Nummern. SIC steht für Standard Industrial Classification. Diese Klassifizierung wurde 1972 eingeführt, um vergleichbare Wirtschaftsdaten zusammentragen zu können. Die SIC-Nummern werden von staatlichen und kommunalen Behörden, Berufsverbänden sowie Forschungszentren und anderen Institutionen für statistische Auswertungen benutzt. SIC klassifiziert Unternehmen nach folgenden Tätigkeitsbereichen:

- Agriculture,
- Forestry and Fishing,
- Mining,
- Construction,
- Manufacturing,
- Transportation,
- Communications,
- Electric, Gas and Sanitary Services,
- Wholesale Trade, Retail Trade,
- Finance, Insurance and Real Estate,
- Public Administration.

5 Online-Stellensuche

Immer mehr Unternehmen, Arbeitsvermittlungsagenturen und Online-Stellenmärkte nutzen das Internet, um offene Stellen zu annoncieren und geeignete Mitarbeiter zu finden. Die Arbeitgeber sparen so bereits bei der Auswahl ihrer Kandidaten Geld, Zeit und Personal. Ein großer Teil der amerikanischen Arbeitgeber erwartet im Einstellungsverfahren eine Kontaktaufnahme per E-Mail und bittet um einen Online-Lebenslauf. Personalverantwortliche in den USA durchforsten das Internet regelmäßig nach viel versprechenden E-Mail-Resumes.

Wenn Sie also in den USA einen Job suchen, nutzen Sie alle Möglichkeiten und verzichten Sie nicht darauf, neben den traditionellen Methoden, wie z. B. Stellenanzeigen in den Printmedien, auch die neuen Technologien in Anspruch zu nehmen. Die Vorteile der Online-Arbeitssuche sprechen für sich:

- Online-Anbieter sind 24 Stunden am Tag an sieben Tagen in der Woche zu erreichen, d. h., Sie können ohne Rücksicht auf Büroöffnungszeiten Ihre Stellensuche betreiben.

- Das Internet hilft Ihnen herauszufinden, wo die Stellen sind, die zu Ihrem Profil passen. Sie haben beispielsweise Zugriff auf Jobbörsen von Berufsverbänden und Links zu Personalvermittlungsagenturen. Auch wenn Sie in bestimmten Bundesstaaten Jobs suchen, hilft Ihnen das Internet weiter.

- Viele Firmen annoncieren Stellenangebote auf ihren eigenen Websites in der entsprechenden Sparte „Jobs"/„Employment". Es lohnt sich daher auch, direkt Homepages von Unternehmen anzuklicken und dort zu checken, ob auf den Firmenservern offene Stellen ausgeschrieben sind. In Kapitel 5.3 nennen wir Ihnen ein Beispiel.

Die in diesem Kapitel aufgeführte, nur kleine Auswahl von Internet-Adressen soll Ihnen den Einstieg in dieses spannende Feld erleichtern. Sie finden:

- einige der ganz großen Top-Sites,
- allgemeine Sites,
- branchenspezifische Sites,
- regionale Sites,
- Beispiele für Firmenwebsites.

5.1 Die großen Top-Sites

- CareerBuilder
  www.careerbuilder.com

  CareerBuilder nennt sich auf seiner Homepage „The Nation's largest Employment Network". Die Stellendatenbank wird ständig aktualisiert. Sie können diese nach den Kriterien Ort, Jobkategorie, Gehaltsmarge, Art der Anstellung und nach freien Suchbegriffen abfragen. Sie haben ebenfalls Zugriff auf einen Job Search Agent, „Mycareerbuilder". Außerdem haben Sie die Möglichkeit, in einer Firmendatenbank Unternehmen direkt anzuklicken und dort herauszufinden, ob offene Stellen angeboten werden. Professionelle Artikel zu den Themen Resumes, Begleitschreiben, Vorstellungsgespräche und Gehaltsverhandlungen runden in der Rubrik „Advice and Resources" das Angebot ab.

- Careerjournal
  www.careerjournal.com

  „The Premier Career Site for Executives, Managers and Professionals" wird betrieben von der Redaktion des Wall Street Journal sowie der Site Careerjournal. Schwerpunkte der Stellenangebote sind Verkauf, Marketing, Finanzen, Technologie – vor allem für Führungspositionen. Hier können Sie eine „Personalized Homepage" erstellen, indem Sie ein Online-Formular ausfüllen. Dann erhalten Sie Ihrem Profil entsprechend per E-Mail Stellenangebote und Artikel aus dem Wall Street Journal zugesandt.

  Beeindruckend sind auch die Gehaltsinformationen unter „Salary & Hiring Info": Wer in der Computerbranche arbeitet, kann mit bis zu 90 000 Dollar rechnen, in der öffentlichen Verwaltung sind es ca. 52.000 Dollar. Sehr viel besser verdienen z. B. Führungskräfte in der Versicherungsbranche (Insurance Executives). Am linken Bildschirmrand lassen sich u. a. Zeitungsartikel und verwandte Sites aufrufen. Sehr gut gefielen uns die Informationen unter „Jobhunting Advice": Von Tipps für Resumes und Interviews über Networking bis zu „Using the Net" reicht die Palette.

- HotJobs
  www.hotjobs.yahoo.com

  Hotjobs hat die gängigen Suchoptionen für seine Stellendatenbank: Job Type, Job Level, Location, Company, Keywords. Unter
  „Browse by State" können Sie die für Sie interessanten Bundesstaaten auswählen und sich dort für eine bestimmte Stadt oder ein
  favorisiertes Unternehmen Stellenangebote anzeigen lassen. Sie
  haben die Wahl zwischen 24 Career Channels, die von Accounting
  bis Transportation gegliedert sind. Unter diesen Branchen sind
  hunderte von Firmen aufzurufen, die entsprechende Stellen aus-
  schreiben. So fanden wir allein unter „Legal Channel" rund 200
  Unternehmen, die offene Stellen für Juristen anboten. Diese Berufsfelder werden dann weiter differenziert, z. B. in Analyst, Attorney,
  Consultant, Legal Secretary und Paralegal.

  Zu den einzelnen Bereichen finden Sie branchenspezifische Informationen und Jobtipps (am linken Bildrand): Die Artikel zu Trends
  auf dem Arbeitsmarkt, die Tipps für Vorstellungsgespräche und
  Lebensläufe sowie die Strategien für die Arbeitssuche sind sehr
  lesenswert. Auch Job Agents unterstützen die gezielte Suche.

- Monster
  www.monster.com

  Monster gehört zu den ganz großen unter den jobbezogenen Sites
  im World Wide Web. Sie enthält nicht nur Stellenangebote aus
  technischen Bereichen, sondern auch aus den Sektoren Marketing,
  Verkauf, Gesundheitswesen und Management. Die Joblistings von
  Monster sind leicht nach Ort, Jobkategorie (von Accounting bis
  Transportation), Stichwortsuche zu durchforsten. Wenn Sie Stellenangebote von einzelnen Unternehmen suchen, bietet es sich an,
  den Button „Browse Jobs by Company/US City, State" am rechten
  Bildrand der Job-Search-Seite zu nutzen. „My Monster", den auf
  das Profil des Abonnenten individuell zugeschnittenen E-Mail-Service, können Sie auch für Ihre Berufsplanung in Anspruch nehmen. Als Abonnent erhalten Sie den freien Zugang zu spezifischen
  Informationen für die Arbeitssuche in Ihrer Branche. Sie haben
  die Möglichkeit, bis zu fünf Resumes einzugeben.

  Unter „Research Companies" sind Firmen nach Alphabet oder Region aufrufbar. Sie werden direkt zu den Websites der Unternehmen

geführt, z. B. zur Homepage von Hewlett & Packard, wo Sie alle jobrelevanten Infos zu offenen Stellen und Bewerbungsmodalitäten erfahren. Auf diesem Gebiet ist das Internet wirklich unschlagbar! Und dann wäre da auch noch das „Career Center" von Monster. Es ist einfach umwerfend, was seine Serviceleistungen und Informationsqualität angeht: „Browse 3,000 pages of resume help, salary data and industry info" ist nicht zu viel versprochen.

- NationJob Network
  www.nationjob.com

  NationJob Network ist berühmt für seine „Speciality Sites", mit deren Hilfe Sie Stellenangebote und Unternehmen nach Branchen recherchieren können.

  Der NationJob-E-Mail-Service ist gebührenfrei und gehört zu den ersten überhaupt, es gibt ihn seit 1995. Er hat inzwischen rund 950 000 Abonnenten und ist gebührenfrei. Der Job Agent P. J. Scout begrüßt Sie auf der Site mit: „Pleased to meet you, Pardner!" (Kein Druckfehler!)

  Zu den Industry Specific Sites gehören u. a. die Sparten Accounting Jobs, Advertising and Media, Banking, Computers and Information Technology, Engineering, Executive and Management bis hin zu Wireless and Cellular Jobs. Vergessen Sie nicht, sich auch die jeweiligen „Resources" anzusehen: Sie umfassen Informationen über Bildungsabschlüsse, Weiterbildungsmöglichkeiten, Resume-datenbanken, Gehaltsspiegel und einen Bookshop.

5.2 Allgemeine Jobsites

- CareerSite
  www.careersite.com

  „The Free, Easy, Completely Confidential Way to Market Yourself" verspricht die Site. Die Bewerberdatenbank ist dem Motto entsprechend gesichert, die Daten werden vertraulich behandelt. Die Jobsuche ist möglich per „Einfache Suche", „Profisuche" oder „Browse Employer List". Auf einige Dienste haben Sie nur Zugriff, wenn Sie CareerSite abonnieren. Wenn Sie Ihre Daten in „MyProfile" eingegeben haben, steht Ihnen der E-Mail-Service der Site zur Verfügung.

- JobBankUSA
  www.jobbankusa.com

  Eine der größten Jobsites, die uns besonders wegen des großen Spektrums an Informationen gefällt, z. B.:
  - Career Articles,
  - Assessment Tools,
  - Career Fairs,
  - Resume Samples,
  - Newsgroup List,
  - Industry Associations,
  - Occupational Guide.

  Sie können einen E-Mail-Service (Job Scout) abonnieren. Gegen eine Gebühr erhalten Sie Hilfe bei der Erstellung Ihres Lebenslaufs durch „Resume Broadcaster". Auch auf Unternehmensprofile können Sie zurückgreifen. Die Stellendatenbank ist riesig: Am Tag unserer Recherche wurden beispielsweise in der Rubrik „Architecture/Engineering" im Staat New York rund 500 Jobs angeboten.

- Net-Temps
  www.net-temps.com

  „A World of Jobs. Neatly Packed." Hochkarätige, viel gepriesene Site, die nicht nur Zeitarbeit, sondern auch Full-Time-Jobs, und zwar „Contract" sowie „Permanent", vermittelt. Ihre Stellendatenbank ist in verschiedene Sparten (Channels) untergliedert, wie z. B. Engineering, Finance und Healthcare. Die Lebensläufe in der Resume-Datenbank sind nur von den Abonnenten, den Recruiters, einsehbar. Unter „Career Advice" finden Sie aktuelle Informationen über den Arbeitsmarkt, Tipps für die Erstellung Ihres Lebenslaufs und die Vorbereitung Ihres Job Interviews.

- True Careers
  www.truecareers.com

  Die Site gehört zu den neuen Online-Stellenmärkten. Sie ist übersichtlich gegliedert in die Rubriken „Candidates" und „Employers". Die Jobdatenbank ist nach den Optionen Branche, Ort, Gehaltsspanne, Unternehmen sowie Keywords abzufragen.Auch einen E-Mail-Service können Sie abonnieren: „My TrueCareers". Umfangreich sind die Zusatzdienste unter „Career Resources".

Dazu zählen Artikel rund ums Thema Arbeitssuche und Bewerbung – mit Berufs- und Branchenprofilen, Gehaltsspiegeln, Firmendaten sowie typischen Fragen an die Experten der Site.

- Employment911
www.employment911.com

    Diese Jobsuchmaschine nennt sich nicht ohne Grund „Your One Stop Job Site": Sie durchsucht 350 Online-Stellenmärkte und drei Millionen Jobs mit einem Klick. Zu diesen Sites gehören so bekannte wie Hotjobs, Monster, CareerBuilder, Career Magazine, Dice und Headhunter.net. Ihren Lebenslauf können Sie kostenlos an mehr als 1 000 Unternehmen mailen. Wenn Sie sich registrieren lassen, stehen Ihnen ein kostenloser E-Mail-Account und ein Organizer zur Verfügung. Die „Career Tools" enthalten lesenswerte Artikel.

Tipp !

Groß- und Kleinschreibungen, Leerzeichen, Striche und Tilden etc. sind Teile der Adressen und daher unbedingt zu beachten. Wenn eine Adresse nicht funktioniert, liegt es meistens daran, dass:

- *Sie die Adresse nicht korrekt eingegeben haben,*

- *Die Adresse sich geändert hat,*

- *Die Site im Moment nicht in Betrieb ist. Versuchen Sie es später wieder, u. U. auch erst am folgenden Tag.*

5.3 Branchen-, berufsspezifische und regionale Sites

Auch die auf einzelne Branchen und Berufe spezialisierten Jobbörsen nehmen kontinuierlich zu, sowohl im technischen als auch im nichttechnischen Bereich. Alle von uns hier aufgelisteten berufsspezifischen Sites haben wir uns im Detail angesehen.

In die Gruppe der spezialisierten Sites haben wir übrigens auch Stellenmärkte von Fachzeitschriften und Verbänden aufgenommen. Weitere Nischensites finden Sie über Suchmaschinen, indem Sie die gewünschte Branche definieren und als Stichwort eingeben (z. B. „ engineering" und „managerial").

IT, Telekommunikation und Hightech

- Computerjobs.com
  www.computerjobs.com

  Jobs aus der Computerbranche sind abrufbar nach Jobkategorie und gewünschter Region. Die Datenbank wird stündlich (!) aktualisiert. Auf der Homepage wird die Anzahl der offenen Stellen – nach den verschiedenen Skill Sites – angezeigt, beispielsweise E-Commerce, Quality Assurance, Technical Sales, Graphics, New Media, Executives. Empfehlenswert sind außerdem die zusätzlichen Dienste „IT-Resources" und „Salary Survey". Unter „Visa Sponsor Jobs" werden übrigens Stellenangebote von Unternehmen aufgelistet, die bei der Beschaffung von Visa behilflich sind.

- Dice.com
  www.dice.com

  „Look to the tech leader first" heißt es auf dieser informativen und professionell aufgebauten Site. Mehr als 60 000 Jobs aus dem Technologiebereich enthielt die Datenbank zum Zeitpunkt unserer Recherche. Nützliche Informationen zu Gehaltsspiegeln und Resume-Diensten zählen unter „Career Links" zu den Zusatzdiensten der Site.

Einstiegsjobs, Praktika, Ferienjobs, Stellen im Non-Profit-Bereich

- Cool Works
  www.coolworks.com

  „75 000 Jobs in Great Places" ist das Motto der Jobsite. Stellenangebote kann man nach Unternehmen, Regionen und Job-Kategorien aufrufen. Zu den Kategorien gehören z. B. National Parks, Ranches, Camps, Vergnügungsparks und Skigebiete. Vergessen Sie nicht, sich die Sparte „Internships" anzusehen. Hier gibt es gute Hinweise speziell für Non-US-Citizens.

- Idealist
  www.idealist.org

  „Where the Nonprofit World Meets" heißt es auf der Homepage.

Hier finden Sie Jobangebote von rund 40 000 Organisationen in 160 Ländern. Suchoptionen sind Einsatzort, Branche, Stellenbeschreibung, Beschäftigungsart und „Area of Focus", d. h. Schwerpunkte wie Arts, Children, Disability Issues, Environment, Farming. Über die Stellenangebote hinaus gibt es einen E-Mail-Service, einen Kalender von Events sowie eine ergiebige Liste von Links zu diversen Verbänden, die für Ihre Stellensuche von Nutzen sein könnten. Lesenswert ist ebenfalls die Rubrik „Tips and General Advice for Nonprofit Jobseekers."

- SummerJobs
  www.summerjobs.com

  Die Site vermittelt weltweit Ferienjobs an Studenten und Zeitarbeiter in den Bereichen Camp Jobs, Resort Jobs, Nationalparks, Hotels und Umweltorganisationen. Unsere Jobsuche nach einem Boating Instructor ergab z. B. 60 Angebote. Unter „Employer Profiles" können Sie inserierende Unternehmen aufrufen und sich Kurzprofile sowie Stellenanzeigen ansehen. Gut gefiel uns auch die Rubrik „Articles and Advice".

Banken, Versicherungen, Rechnungswesen, Controlling

- Bankjobs
  www.bankjobs.com

  „The Premier Career Site for Banking and Financial Services." Erst wenn Bewerber ihren Lebenslauf an Bankjobs gemailt haben, können sie dort die Stellenangebote ohne Gebühr sichten. Allerdings: Auch als „Guest" erhalten Sie Einblick. Beachten Sie in jedem Fall die interessanten Jobtitel! Die Fülle von Links unter „Banking Resources" ist beeindruckend: Sie führen zu Berufsverbänden aus der Branche, Businessnews, Resumediensten.

- Careers in Finance
  www.careers-in-finance.com

  Die Site ist spezialisiert auf die Bereiche Finanzen, Buchhaltung und Marketing. Unter „Finances" finden Sie z. B. Versicherungen, Investment Banking und Immobilien. Gut gefallen haben uns auch die Links:

- Company Profiles,
- Company Interviews,
- Career Profiles,
- Industry Profiles,
- City Profiles.

Wenn Sie in diesen Bereichen arbeiten möchten, verpassen Sie die praxisorientierten Tipps der Site nicht.

Forschung, Lehre, Aus- und Weiterbildung

- Academic360
  www.academic360.com

  Die Stellenangebote aus dem akademischen Bereich können Sie nach Regionen und Namen von Institutionen aufrufen:

    - Faculty and Administrative Listings (General),
    - Faculty Positions by Discipline (von A wie Agriculture bis W wie Women's Studies).

  Die Adressenliste von Berufsverbänden, Institutionen und relevanten Newsgroups in Bezug auf die unterschiedlichen Fachbereiche hat uns beeindruckt.

- The Chronicle of Higher Education's Career Network
  http://chronicle.com/jobs

  Eine der wichtigsten Career Sites für Akademiker. Wöchentlich finden Sie hier die Stellenangebote aus der Zeitschrift *The Chronicle*, zu durchforsten nach den Optionen Jobkategorie, Region und Stichwortsuche. Zentrale Sparten sind:

    - Faculty Positions,
    - Administrative Positions,
    - Executive Positions,
    - Positions outside Academe.

  Links zu weiterführenden Artikeln und verwandten Sites runden das Serviceangebot ab.

Ingenieurwesen

- Engineering Jobs
  www.engineeringjobs.com

  Schlichte Site, aber schnell zu überblicken und äußerst informativ. Datenbanken von Recruiters und Unternehmen mit Stellenangeboten für Ingenieure werden hier alphabetisch aufgelistet. Eine gesonderte Sparte widmet sich der Zeitarbeit (Contract Employment). Sie können auch einen E-Mail-Service abonnieren. Aus der Resume-Datenbank lassen sich Original-Lebensläufe abrufen. Beachten Sie das Resume-Formular. Wenn Sie die einzelnen Sparten wie Work Description, Analysis, Electronics und Programming, CAD anklicken, finden Sie die prägnantesten Schlüsselwörter. Sollten Sie als Ingenieur in den USA arbeiten wollen und noch Anregungen für Ihren Lebenslauf suchen: Hier finden Sie sie in Hülle und Fülle.

- IEEE - The Institute of Electrical and Electronics Engineers
  www.ieee.org

  Die vom Berufsverband IEEE (360 000 Mitglieder in 150 Ländern!) betriebene ausgezeichnete Site enthält hochkarätige Jobs. Suchmöglichkeiten in der Stellendatenbank: Einsatzort, technisches Fachgebiet und freie Eingabe von Schlagworten. Eine gesonderte Sparte ist den Computerjobs gewidmet. Wenn Sie Verbandsmitglied sind, können Sie das folgende Servicepaket nutzen:

  - Tipps für die Berufsplanung,
  - berufsspezifische Gehaltsspiegel,
  - Vermittlung von Praktika,
  - Kalender von Konferenzen und Workshops,
  - Beratung bei der Gestaltung Ihres Resumes.

Recht

- FindLaw
  www.findlaw.com

  „The Most Extensive Legal Career Site on the Internet." Kriterien für die Abfrage der Stellendatenbank sind: Jobtitel, gewünschte Region und Tätigkeitsfeld (Practice Area). Neben den Stellenan-

geboten ist uns auch die Vielfalt der Materialien aufgefallen.
Dazu gehören:

  – Listen von Verbänden und Organisationen,
  – Links zu Unternehmen und Kanzleien,
  – Karrieretipps,
  – News aus dem juristischen Bereich,
  – Messageboards.

- Lawjobs
  www.lawjobs.com

  Die Sparte „Job Seekers" stellt Ihnen neben einer Stellendatenbank
  und einem E-Mail-Service auch eine Resumedatenbank und eine
  Unternehmerdatei zur Verfügung. Unter „Legal Recruiter Directors"
  finden Sie Beschreibungen von Personalvermittlungen, die sich
  auf den juristischen Bereich spezialisiert haben. Listen und Ran-
  kings amerikanischer Anwaltbüros ergänzen das Angebot dieser
  Site.

Vertrieb/Verkauf, Marketing/PR

- Adweek Online Career Network
  www.adweek.com

  Dies ist die Online-Ausgabe der gleichnamigen Wochenzeitschrift.
  Sie enthält nicht sehr viele Stellenangebote, ist aber eine fantas-
  tische Informationsquelle. Sie können nämlich auf folgende Dienste
  zurückgreifen:

  – Unternehmensinformationen aus Firmenlexika,
  – Diskussionsforen,
  – Features aus dem Magazin Adweek,
  – Regionale Nachrichten,
  – Resume-Datenbank.

- Tigerjobs.com
  www.tigerjobs.com

  „The Web's Resource for Sales, Marketing and Advertising Careers."
  Eingabefelder in der Suchmaske der Stellendatenbank sind: Staa-
  ten von A wie „Alabama" bis W wie „Wyoming", beziehungsweise
  „National Search". Sie haben auch Zugriff auf ein Resumecenter.

Medizin, Pharma, Pflege

- Medzilla
  www.medzilla.com

  Klein, aber fein! Hier finden Sie Stellenangebote aus den Bereichen Biotechnologie, Medizin, Gesundheitswesen und Pharmaindustrie. Unter „Search Jobs" können Sie Kunden von Medzilla anklicken, wie z.b. Merck und Pfitzer und sich deren offene Stellen oder Unternehmensprofile ansehen. Fachartikel zu Karrierefragen und eine Liste von Headhunters ergänzen das Servicepaket von Medzilla. Empfehlenswert sind auch die Foren zu den Themen Employers, Careers und Nursing.

- Nursing Spectrum Online
  www.nursingspectrum.com

  „America's No.1 Career Site for RNs by RNs." Die Stellenangebote können Sie nach den Kriterien Jobkategorie und Region aufrufen sowie durch Schlüsselwörter. In der Rubrik „Career Management" erwarten Sie vielfältige Angebote:

    - Magazine Articles,
    - Daily News,
    - Managing your Career.

- MedHunters
  www.medhunters.com

  Die Stellen in der Datenbank können Sie nach US-Bundesstaaten sowie nach der Berufsbezeichnung aufrufen, und zwar in den Sparten:

    - Nursing,
    - Allied Health,
    - Physicians,
    - Non-Clinical.

  Zu den „Career Resources" gehören Tipps für Lebensläufe, Vorstellungsgespräche und Self-Assessment.

Naturwissenschaften, Umwelt

- BioSpace
  www.biospace.com

  „The Leading Provider of web-faced Resources and Information to the Life Science Industry." Im Career Center können Sie Ihre Stellensuche nach den Kriterien Jobkategorie, Region, Unternehmen und einzelnen Stichwörtern eingrenzen. Neben Stellenangeboten bietet BioSpace:

    - Nachrichtenarchive,
    - Unternehmensprofile,
    - Career Fairs.

- PhDs.Org
  www.phds.org

  „Science, Math and Engineering Career Resources." Im Wesentlichen hilft die Site promovierten Arbeitssuchenden, sich auf den Arbeitsmarkt vorzubereiten. Die Palette von Informationen ist überwältigend, sie umfasst:

    - Artikel zur Arbeitssuche von Akademikern, z. B. „Landing an Academic Job",
    - Arbeitsmarktinformationen und Gehaltsspiegel,
    - Interviewtipps,
    - Links zu Jobsites für Akademiker: eine wahre Fundgrube!

  Die Stellendatenbank ist gegliedert in:

    - Life Sciences,
    - Physical Sciences,
    - Math,
    - Engineering,
    - Computer Science,
    - Finance,
    - Social Sciences,
    - Humanities.

- Science Magazine
  www.sciencemag.org

  Kriterien für die Auswahl von Stellenangeboten in der Online-Version der Zeitschrift finden Sie unter „Science Careers".

Dort können Sie die Datenbank nach Jobkategorie, Unternehmen, Position und Ort durchforsten oder freie Suchbegriffe eingeben. „Career Advice" bringt berufsbezogene Artikel, beispielsweise zum Thema „Eight Steps for Preparing Scientific Resumes". Zu den Dienstleistungen gehören auch ein Forum, Links zu Unternehmenssites, ein Gehaltsspiegel und Hinweise auf Career Fairs.

Weitere Branchen

• NewsLink
  www.newslink.org

  „The Fastest Way to a Journalistic Job" – ist die Prämisse der Job-Link-Sparte von NewsLink. Ihre Suchoptionen sind sehr detailliert aufgesplittet nach: Position, Berufserfahrung, Ausbildung, Spezialgebiet, Gehalt, Region, Branche sowie Volltextrecherche. Zu den Jobkategorien gehören:

  – Writer, Reporter,
  – Editor, Manager,
  – Freelance,
  – Photo, Video,
  – Research, Services.

  Sie können auch Gebrauch von einem E-Mail-Service machen. Links zu vielen Lokalzeitungen, Wirtschaftszeitschriften, alternativen Blättern sowie Radio- und TV-Sendern bereichern das Angebot dieser Site.

• Escoffier On Line
  www.escoffier.com

  „The Web Site for Chefs and Culinary Professionals." Schwerpunkt des Career Centers: Jobs in Restaurants und Hotels. Die Stellenangebote sind in verschiedenen Kategorien gegliedert, von „Dishwasher" bis „Supervisor". Links führen zu anderen Unternehmen in der Branche sowie zu Berufsverbänden und Personalberatern. Im „Culinary Career Center" gibt es Tipps für Lebensläufe und Vorstellungsgespräche.

- SHRM Online
  Society for Human Resource Management
  www.shrm.org

  Mitglieder des Verbands haben Zugriff auf besondere Dienste wie
  Jahresberichte, Mitgliederverzeichnisse sowie einen E-Mail-Service
  (Job Alert). Die Stellenangebote können Sie sich allerdings auch
  ansehen, wenn Sie kein Mitglied sind. Suchoptionen sind die gängigen: Jobtitel, Ort, Erscheinungstermin der Anzeige und Stich-
  worteingabe. Unter „HR Careers" finden Sie relevante Artikel aus
  dem Wall Street Journal.

- ExecuNet
  www.execunet.com

  „The Premier Career Center for the $100K+ Executive." Rund 5 000
  Unternehmen annoncieren 30 000 Führungspositionen pro Jahr,
  und zwar mit Gehältern über 100 000 Dollar. Wenn Sie sich diese
  Angebote ansehen, werden Sie schnell feststellen, um welch hoch-
  karätige Positionen es geht, z. B. um 200 000-Dollar-Jobs (unter
  „Check out some of our current jobs"). Auf welche Dienste aus-
  schließlich Abonnenten Zugriff haben, lesen Sie in der Rubrik
  „Members Only".

- AQUENT
  www.aquent.com

  „The World's Largest Talent Agency for Creative & Tech."
  Die Site vermittelt Projekte bzw. Spezialisten aus den Bereichen
  Marketing und Kreative Dienstleistungen sowie Informationstechnologie. AQUENT kooperiert mit verschiedenen Talentagenturen
  im Bereich Design. Die Kandidaten durchlaufen ein strenges Test-
  und Assessmentverfahren, bevor sie in den Pool von AQUENT aufgenommen werden, um dann an Kunden vermittelt zu werden.
  Arbeiten der Kandidaten finden Sie unter „Portfolios".

Unternehmenswebsites

General Motors ist das Musterbeispiel für eine ansprechend gestaltete
und sinnvoll aufgebaute Website. Die Infos sind leicht herauszufiltern
und bieten alle Details, die man zum guten Kennenlernen des Unternehmens braucht.

- General Motors
  www.gm.com

  Die Anzeigen unter „Careers" enthalten folgende Angaben: Ort,
  Datum, Stellenbeschreibung, Verantwortungsbereich und Anforderungen an die Bewerber (Ausbildung, Berufserfahrung, Skills).
  Ein Klick auf den Button „Apply for this position" genügt, um
  das Bewerbungsformular aufzurufen. Der besondere Vorteil der
  Unternehmens-Websites generell ist, dass Sie dort auch eine Fülle
  firmenspezifischer Informationen finden, so bei GM unter „News
  and Events" Presseartikel und Messekalender und unter „Investor
  Information" aktuelle Börsendaten.

Regionale Jobsites

Wenn Sie in einem bestimmten amerikanischen Bundesstaat arbeiten
möchten, sollten Sie in jedem Fall auch regionale Online-Stellenmärkte
konsultieren. Auch in diesem Bereich haben wir viele Adressen geprüft
und auf den folgenden Seiten diejenigen aufgeführt, die uns ergiebig
erscheinen.

- BayAreaCareers
  www.bayareacareers.com

  Zu den Regionen gehören u. a. San Francisco, Silicon Valley, Santa
  Cruz und Sacramento. Die Links führen direkt zu Unternehmenssites mit offenen Stellen. Die Informationen, die Sie dort finden,
  umfassen Berufsverbände, Stellenmärkte, Zeitungen, Newsgroups
  und Personalvermittler.

- Coloradojobs
  www.coloradojobs.com

  „Your Colorado Online Job Connection" verspricht die Homepage.
  Sie können eine Stellendatenbank durchforsten oder einen E-Mail-
  Service nutzen. Gesondert werden „Hot Jobs of the Week" aufge-
  listet. Zu den Serviceleistungen der Site gehören Nachrichten vom
  Arbeitsmarkt, Gehaltsspiegel, Tipps für Resumes sowie Links zu
  weiteren Jobsites.

- Ilovealaska
  www.ilovealaska.com

  Die Site beschreibt sich als „The Most Comprehensive Directory of Employment Resources in Alaska". Ihre „Links Encyclopedia" ist beeindruckend: Sie führt zu Unternehmen, Berufsverbänden, lokalen Arbeitsämtern und Jobbörsen.

- JobStar
  www.jobstar.org

  Die Site ist konzipiert für die Regionen San Francisco, Los Angeles und San Diego. Für die einzelnen Gebiete gibt es eine Fülle an Informationen, am Beispiel Sacramento heißt das konkret:

  - Stellenanzeigen,
  - Rekrutierungsmessen,
  - Liste der lokalen Berufsberatungen,
  - Job Hotlines, d. h. eine Auflistung von Unternehmen, die Stellen inserieren.

  Alle bereitgestellten Informationen sind auch generell für die Arbeitsuche in den USA interessant. Job Star enthält beispielsweise Tipps für Resumes und zahlreiche Links zu Gehaltsspiegeln. Die Informationen zum Thema „Networking" sind ebenfalls lesenswert.

- Maryland Careers
  www.marylandcareers.org

  Auch diese Adresse ist ein hervorragendes Beispiel für eine regionale Site. Arbeitssuchende profitieren von einer Fülle an Links. Dazu gehören unter anderem Links zu Maryland's Job Bank und anderen Jobbörsen, zu Websites von Unternehmen, die Stellenanzeigen inserieren, zu regionalen Zeitungen und vielfältigen Materialien für Ihre Arbeitsuche und Bewerbung.

- PhillyWorks
  www.phillyworks.com

  „Career Resources for Philadelphia." Die Site verspricht nicht zu viel. Sie bietet eine große Anzahl an weiterführenden Links. Auf der Homepage können Sie inserierende Unternehmen aus drei Rubriken anklicken:

- Information Tech,
- Other Tech,
- Nontechnical.

Zusätzlich finden Sie Links zu Stellenanzeigen in regionalen Zeitungen, zu Rekrutierungsfirmen und in der Sparte „Career Related" zu Industrie- und Handelskammern. „Career Advice" enthält Tipps für die schriftliche Bewerbung und das Vorstellungsgespräch.

Sie suchen lokale Jobsites für andere Regionen? Dann können Ihnen die folgenden Adressen nützen:

- Jobfactory.com
  www.jobfactory.com/linkmap.htm

  Klicken Sie einfach auf der Landkarte den Bundesstaat an, in dem Sie arbeiten und leben möchten – und Sie werden zu Unternehmen geführt, die Stellenangebote inserieren.

- The Riley Guide
  www.rileyguide.com/local.html

  Diese Site ermöglicht es Ihnen, einzelne Bundesstaaten aufzurufen und den regionalen Arbeitsmarkt zu recherchieren. Wenn Sie beispielsweise Minnesota anklicken, erhalten Sie folgende Resultate:

  - Minnesota Work Force Center
    www.mnworkforcecenter.org
    Diese Site wiederum führt zu verschiedenen interessanten Adressen, u. a. zu Minnesota's Job Bank, Minnesota Department of Employment, zur Lokalpresse und weiteren lokalen Links.

6 Deutsch-englische Formulierungshilfen für schriftliche und mündliche Bewerbungen

6.1 Textbausteine für die schriftliche Bewerbung

Bewerbungsanschreiben

Ich habe Ihre Anzeige in ... gelesen und bewerbe mich um die Stelle als ...	I have read your advertisement in ... and would like to apply for the position of ...
Ich antworte auf die o. a. Anzeige ...	I am replying to the above mentioned advertisement ...
Ich beziehe mich auf Ihre Anzeige in ...	With reference to your advertisement in ...
Sie suchen einen neuen ..., ich bewerbe mich.	You are looking for a new ..., I wish to apply for the post.
Diese Stelle interessiert mich.	I am interested in this position.
Ich bewerbe mich um die Stelle als ...	I would like to apply for the position of ...
Meine Qualifikationen entsprechen Ihren Anforderungen.	My qualifications match your requirements.
Ich habe von Herrn XY gehört, dass Sie einen neuen Buchhalter suchen.	Mr. XY has informed me that you are looking for a new accountant.
Hiermit möchte ich anfragen, ob Sie eine freie Stelle für einen Schaufensterdekorateur haben.	I am writing to enquire whether you have a vacancy for a window dresser.

Angaben zur Person

Ich bin am ... geboren.	I was born on ...
Ich bin ... Jahre alt..	I am ... years old.
Ich bin ledig.	I am single.
Ich bin verheiratet und habe zwei Kinder.	I am married and have two children.

Ausbildung

Ich habe von 1987 bis 1997 die ... Schule besucht.	From 1987 to 1997 I attended .... School.
Gymnasium	High School
Berufsschule	Junior/Community College Vocational School
Fachhochschule	University of Applied Sciences
Abitur	High School Diploma
Diplom (FH)	Bachelor's Degree
Diplom (Universität)	Master's Degree
Promotion	Doctorate
Von ... bis ... absolvierte ich meinen Wehrdienst.	I did my military service from ... to ...
Als Zivildienstleistender arbeitete ich in einem städtischen Altenheim.	I did community service at an old people's home run by the town council.

Beruflicher Werdegang

Von 1990 bis 1992 machte ich eine Lehre bei ...	From 1990 to 1992 I trained as .../I was a trainee at ...
Ich absolvierte eine Lehre zum Industriekaufmann.	I completed a training program in order to become a qualified clerk in an industrial company.
Ich habe Wirtschaftswissenschaften an der Universität Hamburg studiert.	I studied economics at Hamburg University.
1990 erwarb ich das Diplom zum ...	In 1990 I took a degree in ...
Ich habe an der VHS-Kurse besucht und das Zertifikat Wirtschaftsenglisch erworben.	I attended adult education classes and obtained a diploma in Business English.
Verkaufserfahrungen habe ich seit drei Jahren bei meiner derzeitigen Firma gesammelt.	During the past three years I have gained experience in sales/ marketing in my present firm.

Von 1993 bis 2002 arbeitete ich als ... bei ...	From 1993 to 2002 I worked as a ... for ...
Während mehrerer Praktika im In- und Ausland konnte ich mir vielseitige Kenntnisse aneignen.	During various internships both at home and abroad I was able to gain experience in a number of fields.
Zur Zeit bin ich als ... bei ... beschäftigt.	At present I am employed as a ... by ...
Ich bin augenblicklich Leiter der Marketingabteilung.	I am currently head of the marketing department.
In den letzten fünf Jahren war ich für ... verantwortlich.	For the past five years I have been responsible for ...
Zu meinen Aufgaben gehört es zu ...	Among my duties are those of ...
Als frühester Einstellungstermin käme der ... in Frage.	The earliest date on which I could start would be ...

Veränderungsgründe

Ich möchte mich gern verändern.	I would like to gain new experience.
Ich suche eine neue Herausforderung.	I am looking for a challenge.
Ich suche eine Stelle mit mehr Verantwortung.	I am looking for a position which would give me more responsibility.
Mein Mann wird in den USA arbeiten, deshalb suche auch ich dort eine interessante Tätigkeit.	My husband will be working in the USA; therefore I am also looking for an interesting job there.
Ich möchte Erfahrungen im Ausland sammeln.	I would like to gain experience abroad.
In meiner Firma gibt es in absehbarer Zeit für mich keine Aufstiegsmöglichkeiten.	In my present firm there won't be any opportunities of promotion within the forseeable future.

Hinweise auf den Kurzlebenslauf

Ich füge einen Kurzlebenslauf bei.	I enclose a short account of my personal details and career to date.
Einen Überblick über meinen beruflichen Werdegang entnehmen Sie bitte dem beigefügten CV (Curriculum Vitae).	The enclosed resume provides an outline of my career to date.
Aus dem beigefügten CV geht hervor, dass ich langjährige Erfahrungen mitbringe.	As you can see from the enclosed resume, I have many years of experience.
Informationen über meine Qualifikationen entnehmen Sie bitte den beigefügten Unterlagen.	You will find information on my qualifications in the enclosed papers.
Den chronologischen Ablauf meiner Ausbildung entnehmen Sie den beigefügten Unterlagen.	Please find the chronological outline of my training in the enclosed papers.

Anlagen

In der Anlage übersende ich Ihnen ...	Please find enclosed ...
Ich füge ... bei.	I am enclosing ...
Tabellarischer Lebenslauf	Resume
Beglaubigte Kopien:	Certified copies of:
• *des Abiturzeugnisses*	• my High School-diploma
• *Diplomzeugnisses (Hochschule)*	• my diploma/my degrees

Schlussfloskeln

Ich würde mich freuen, wenn Sie mich zu einem Vorstellungsgespräch einlüden.	I would be grateful if you would invite me to come for an interview.
Ich stehe Ihnen gern zu einem Vorstellungsgespräch zur Verfügung.	I would be happy to come for an interview at your convenience.

Ich sehe Ihrer Antwort mit Interesse entgegen.	I am looking forward to hearing from you soon.
Ich würde mich sehr freuen, wenn ich in Ihrem Unternehmen ein Praktikum absolvieren könnte.	I would be glad if I was given the opportunity to work as an intern in your company.
Der frühstmögliche Einstellungstermin ist der ...	The earliest date on which I could start is ...
Es würde mich freuen, mit Ihnen alle weiteren Fragen persönlich erörtern zu können.	I would be pleased to discuss further questions in a personal interview.
Ich würde mich schnell einarbeiten können.	I would quickly familiarize myself with the work.
Ich meine, gut in Ihr Team zu passen.	I think I would fit well into your team.
Mit freundlichen Grüßen	Sincerely

6.2 Redewendungen für Vorstellungsgespräche

Was Sie während eines Vorstellungsgesprächs gefragt werden könnten

Warum haben Sie ... studiert?	Why did you study ...?
Wie viel Berufserfahrung bringen Sie mit?	How much experience/work experience do you have?
Könnten Sie uns Ihren bisherigen beruflichen Werdegang kurz beschreiben?	Could you give us a summary of your career so far?
Welchen Posten haben Sie in der derzeitigen Firma?	What is your position with your present company?
Mit welchen Unternehmen arbeiten Sie zusammen?	Which companies do you cooperate with?
Welches Gebiet interessiert Sie am meisten?	Which field are you most interested in?
Warum möchten Sie sich verändern?	Why do you wish to change your job?
Ist Ihre Familie mit dem Umzug einverstanden?	Does your family approve of your move?

Wie viele Mitarbeiter hat Ihre jetzige Abteilung?	How many people are employed in your department?
Welche Aufgaben, meinen Sie, kommen in unserer Firma auf Sie zu?	Which areas of responsibility do you think you will have to deal with in our company?
Warum interessieren Sie sich gerade für unser Unternehmen?	Why are you particularly interested in our business?
Wie sind Sie auf uns gekommen?	How did you hear about us?
Kommen Sie auf eine Anzeige in der Zeitung hin?	Are you here in response to an advertisement in the newspaper?
Sind Sie vom Arbeitsamt an uns verwiesen worden?	Have you been sent to us by the Employment Agency?
Welche Gehaltsvorstellungen haben Sie?	What salary do you have in mind?
Wo liegen Ihre Stärken/ Schwächen?	What are your strengths/ weaknesses?
Haben Sie ein Auto?	Have you got a car?
Treiben Sie Sport?	Do you do sport?
Welche Hobbys haben Sie?	What are your hobbies?
Was machen Sie in Ihrer Freizeit?	What do you do in your spare time?
Sind Sie gern zur Schule gegangen?	Did you enjoy going to school?
Haben Sie einen Führerschein?	Have you got a driving licence?

Die beiden folgenden Fragen sind nicht zulässig, da sie als diskriminierend angesehen werden. Sie brauchen sie nicht zu beantworten.

Sind Sie schwanger?	Are you pregnant?
Leben Sie mit einem Partner zusammen?	Do you live with a partner?

Fragen, die Sie selbst stellen können

Warum ist die Stelle frei geworden?	Why did the position become vacant?
Welche Schwerpunkte hat der Bereich?	What does the main emphasis lie in this area?
Hat Ihr Unternehmen Niederlassungen im Ausland?	Does your company have branches abroad?
Welche Verantwortung ist mit der Stelle verbunden?	Which responsibilities would the position entail?
Welche Aufstiegschancen sind mit der Position verbunden?	What would be the chances of promotion with this job?
Welche Weiterbildungsmöglichkeiten gibt es in Ihrer Firma?	What opportunities of further training are there in your firm?
Wie ist die Arbeitszeit geregelt?	What are the working hours?
Gibt es gleitende Arbeitszeiten?	Are there flexible working hours?
Gibt es eine feste Mittagspause?	Is there a set lunch break?
Wären Sie so freundlich, mit mir eine Werksführung zu machen?	Would it be possible to have a look around the works?
Welche betrieblichen Sozialleistungen gibt es?	What fringe benefits are there?

- *Altersversorgung*
- *Zusatzversicherung*
- *Fahrtkostenzuschläge*

- pension schemes
- supplementary insurance
- travel allowances

Wie lange dauert die Probezeit?	How long is the probation period?
Bis wann kann ich mit einer Antwort rechnen?	When can I expect to hear from you?
Könnte ich einen Tag Bedenkzeit erhalten?	Could I have a day to think it over?
Haben Sie noch irgendwelche Fragen an mich?	Have you got any other questions?
Ich danke Ihnen für das Gespräch.	Thank you for seeing me.
Ich würde sehr gern in Ihrem Unternehmen arbeiten.	I am sure I would be very happy to work with your company.

7 Das Bewerbungsanschreiben

7.1 Ad Letter – Antwortschreiben auf eine Stellenanzeige

Das Begleitschreiben (Cover Letter) ist das erste, was der Arbeitgeber von Ihnen liest. Von der Qualität dieses Briefs hängt ab, ob er sich den Lebenslauf überhaupt noch ansieht. Das Begleitschreiben stellt den Bezug zur ausgeschriebenen Stelle und zum Arbeitgeber her. Es bietet Ihnen die Möglichkeit, dem potenziellen Arbeitgeber Ihr Interesse an der Firma einerseits sowie Ihre grundsätzliche Eignung andererseits deutlich zu machen. Es gibt keinen Modellbrief, der für alle Bewerbungen passt. Ihr Schreiben muss einen persönlichen Charakter haben. „Tailor your letters": Ihre Briefe müssen maßgeschneidert sein. Sie zeigen damit, dass Sie sich über die Firma und die ausgeschriebene Position informiert haben und weisen auf zwei bis drei Schwerpunkte, die belegen, dass Sie mit Ihrem Können die Anforderungen erfüllen, hin. Der Begleitbrief trägt wesentlich dazu bei, Ihre Qualifikationen und Berufserfahrungen zu verkaufen und bietet Ihnen außerdem die Möglichkeit, negative Punkte in positive umzuwandeln, z. B.:

> *„Zwar habe ich nicht viel Berufserfahrung, aber ich habe Praktika in ... absolviert und vielfältige andere Aktivitäten vorzuweisen."*

Der Grundton des Briefs sollte unbedingt positiv sein. Sie stellen sich dar als jemanden, der optimistisch, begeisterungsfähig, verantwortungsbewusst und teamfähig ist.

Schreiben Sie, warum Sie in Amerika arbeiten möchten und begründen Sie, warum Sie sich gerade an diese Firma wenden. Erwähnen Sie auch, welches Visum Sie beantragen werden. Das Begleitschreiben sollte auf jeden Fall an eine bestimmte Person gerichtet sein. Diese finden Sie eventuell über die Telefonzentrale bzw. Abteilung heraus. Achten Sie darauf, dass der Name Ihres Ansprechpartners richtig geschrieben ist und Sie gegebenenfalls auch Titel angeben. So viel Einsatz wird von Ihnen mindestens erwartet. Namen und Titel finden Sie in Firmenlexika, z. B. in:

- *Standard & Poor's Register of Corporations, Directors and Executives*
  Standard & Poor's, New York (Vgl. Kapitel 9.3).

Sie sollten diese jedoch durch einen Anruf überprüfen: Es könnte sein, dass mittlerweile jemand anderes für die Besetzung der Stelle zuständig ist.

Gliederungs eines Begleitschreibens

- Adresse:
    - Name, Vorname (vorher sorgfältig recherchieren!),
    - Titel,
    - Abteilung,
    - Firma,
    - Straße, Adresse, Staat,
    - ZIP Code.

- Datum:
  Bitte beachten Sie, dass im Amerikanischen der Wochentag nach dem Monat genannt wird! 02/18/05 (18. Februar 2005)

- Anrede:
    - Dear Dr. Fox:
    - Dear Ms. Peters: (statt Mrs. oder Miss) (nicht: To whom it may concern)
      Übrigens, vergessen Sie nicht den Doppelpunkt nach der Anrede!

  Wenn es Ihnen nicht gelingt, einen Ansprechpartner in der Firma auszumachen, bleibt als Anrede nur:

    - Dear Sir or Madam:
    - Dear Employer:
    - Dear Prospective Employer:
    - Einige Fachleute empfehlen statt dessen einfach: Good Morning.

- Briefschluss:
    - Sincerely,
    - Best regards (wenn Sie den Adressaten bereits kennen).

Abschnitte eines Begleitschreibens

- 1. Abschnitt des Begleitschreibens
  Bringen Sie Ihr Interesse an der Firma bzw. der Position zum Ausdruck und weisen Sie auf die Quelle der Anzeige hin:

- Your advertisement in ... caught my attention.
- Your ad for a ... prompted me to contact you.
- I am intrigued by your advertisement for a ...

- 2. Abschnitt des Begleitschreibens
  Beschreiben Sie den eigenen Hintergrund, wie er für den Arbeitgeber von Nutzen sein könnte, in ein oder zwei kurzen Sätzen. Beziehen Sie sich auf das Anforderungsprofil der Anzeige und auf die im Lebenslauf genannten Fertigkeiten und Erfahrungen. Nennen Sie stets konkrete Beispiele Ihrer Leistungen, schreiben Sie nicht zu allgemein:

  - I'm hard working. Statt dessen z. B.:
  - Your advertisement in ... for a ... matches my qualifications exactly.
  - My ten years experience as an Assistant Director of Security with ... qualify me for the position of ... you advertise in ...

- 3. Abschnitt des Begleitschreibens
  Bitten Sie um ein Interview. Ergreifen Sie die Initiative, nennen Sie eine Zeitspanne:

  - I will call you next week.
  - I expect to be in your area on Friday next week.
  - May I call you for an interview in the next few days?
  - I look forward to discussing our mutual interests further.

Ziel des Begleitschreibens ist es, zum Vorstellungsgespräch eingeladen zu werden. Fassen Sie sich kurz und heben Sie vor allem die Qualifikationen hervor, die laut Anzeige gefordert sind.

Häufig wird in der Stellenanzeige auch nach Gehaltsvorstellungen gefragt: Entweder Sie lassen diese weg, oder – falls Sie über die üblichen Gehälter informiert sind –Sie geben eine Spanne (range) an.

> *„I would expect that an appropriate salary for a position such as this would be in the $ 30 000 to 40 000 range."*

Ihre Adresse und Telefonnummer nicht vergessen, möglichst in Amerika, damit man Sie erreichen kann. Geben Sie außerdem Ihre E-Mail-Anschrift an.

Layout des Begleitschreibens

Bitte beachten Sie folgende Hinweise in Stichwörtern:
- nicht länger als eine Seite,
- nicht mehr als vier bis fünf Zeilen pro Abschnitt,
- viel Freiraum an den Seitenrändern,
- kurze Sätze,
- gutes Papier, weiß oder hellbeige, für Anschreiben und Lebenslauf dasselbe,
- persönlicher Briefkopf.

Tipp!

Das Begleitschreiben sowie der Lebenslauf müssen sprachlich und formal perfekt sein. Lassen Sie Ihre Texte unbedingt von einem kompetenten Muttersprachler korrigieren.

„Keep in touch" – Bleiben Sie am Ball! Sie könnten z. B. in der Firma anrufen, um zu fragen, ob der Gesprächspartner weitere Informationen benötigt oder ob Sie zusätzliche Unterlagen einreichen sollen. Heben Sie sich zu diesem Zweck eine Kopie vom Begleitschreiben und Lebenslauf auf, damit Sie darauf Bezug nehmen können. So zeigen Sie ein ständiges Interesse an dem Unternehmen. Sie ergreifen die Initiative. Am Telefon geben Sie sich optimistisch.

7.2 Unsolicited Letter – spontane Bewerbung

Initiativbewerbungen sind besonders für die Arbeitssuche aus größerer Entfernung geeignet. Ziel ist es:
- zu erreichen, dass der Lebenslauf gelesen wird,
- eine Einladung zu einem Vorstellungsgespräch zu erhalten.

Als Aufhänger dient häufig ein Zeitungsartikel oder ein Bericht über das Unternehmen. Sie beziehen sich darauf und beweisen damit, dass Sie Ihre Hausaufgaben gemacht haben, Sie begründen Ihr Interesse an der Firma. Sie schreiben möglichst an eine bestimmte Person – und nicht an die Personalabteilung. Achten Sie darauf, dass Ihr Begleitschreiben – ebenso wie Ihr Lebenslauf – korrekt geschrieben ist, sonst gelangt es gar nicht erst an die entscheidenden Abteilungen bzw. in die Hände der „person who has the power to hire you".

Achten Sie darauf, dass Ihr Brief/Ihre E-Mail individuell auf die Bedürfnisse des Arbeitgebers zugeschnitten ist, damit er von ihm zur Kenntnis genommen wird. Ihr Brief sollte nicht länger als eine Seite sein und drei bis vier Abschnitte (mit ca. zwei bis drei Sätzen) aufweisen. Die Sätze sollten nicht mehr als zehn bis zwölf Wörter umfassen.

Abschnitte eines Unsolicited Cover Letter

- 1. Abschnitt
  Nehmen Sie Bezug auf eine Kontaktperson (Prior Contact) oder einen Zeitungsartikel. Schon mit den ersten Sätzen muss es Ihnen gelingen, das Interesse des Lesers zu wecken. Dann haben Brief und Lebenslauf mehr Chancen. Beispiele:

  - A good friend of mine, James Howard, mentioned to me that you were looking for ...
  - I'm writing at the suggestion of ...
  - I read with great interest about your success in the field of ...
  - Dr. Howard suggested that I contact you about ... He remarked that you might be thinking about hiring.

  Sie können sich auch gleich zu Beginn des Briefs auf Ihren Lebenslauf beziehen und hervorheben, inwiefern Sie attraktiv für den Arbeitgeber wären. Auf jeden Fall benötigen Sie eine „Catchy Phrase" oder einen interessanten Aufhänger, z. B.:

  - If you are concerned about customer service, take a few minutes to read my resume.
  - As you will see from my resume, 10 years of experience in ...

- 2. Abschnitt
  Sie beschreiben, ob und wo Sie gerade arbeiten. Geben Sie an, warum Sie an der Firma bzw. Position interessiert sind und weisen Sie auf zwei bis drei relevante Punkte im Lebenslauf hin, die sonst vielleicht unbeachtet blieben. Sie haben auch die Möglichkeit, hier zusätzliche Aspekte, die nicht im Lebenslauf auftauchen, aber für die Stelle relevant sind, zu erwähnen. Hier machen Sie vor allem deutlich, inwiefern Ihre Qualifikation für den Arbeitgeber von Vorteil ist, z. B.:

  - I recently graduated from ... college with a degree in ...

- I can offer you several years of experience in ...
- My experience in ... should be of interest to you in your bank.

Nennen Sie Accomplishments, d. h. in Ihrer bisherigen beruflichen Laufbahn erbrachte Leistungen (z. B. Kostenersparnis, Umsatzsteigerung in Dollar, Zunahme an Kunden) sowie die Namen bekannter Firmen, mit denen Sie zu tun hatten.

Aus Ihrem Brief muss deutlich werden, dass Sie höchst motiviert sind.

- 3. Abschnitt
  Sie ergreifen die Initiative und beschreiben, was Sie als nächstes tun werden, z. B.:

  - I plan to be near your office in June.
  - I'll call you to explore if you might be available. Please let me know when it is convenient.
  - I will make myself available for an interview at a time convenient to you.
  - I will be in New York in March and would like the opportunity to speak with you. I will call you next week to arrange a time to meet.
  - I look forward to meeting you.

  Sie bedanken sich für die Zeit und Aufmerksamkeit des Ansprechpartners, z. B.:

  - I thank you for your time and consideration.
  - I thank you for your interest and consideration and I hope to hear from you soon.

  Vergessen Sie nicht, darauf hinzuweisen, wie der Arbeitgeber Sie am besten erreichen kann.

- Grußformel am Schluss

  - Sincerely

  Sie tippen und unterschreiben Ihren Namen.

- Enclosure(s) (Anlage(n))
  Das schreiben Sie, wenn Sie beispielsweise Referenzen beifügen.

Tipps!

Sie sollten auf jeden Fall auch kleinere und mittlere Firmen im Rahmen Ihrer spontanen Bewerbungsaktionen anschreiben, da sie erfahrungsgemäß häufiger einstellen als große Unternehmen. Am besten ist, Sie rufen in der Firma an und lassen sich den Namen des Personalverantwortlichen geben und buchstabieren:

- *I'm writing to ... and I would like the spelling of his/her name.*

Bei kleineren Firmen ist es der President (Direktor), bei größeren der Leiter der entsprechenden Abteilung. Wenn Ihnen niemand persönlich bekannt ist, fragen Sie Ihre Networking-Kontaktperson oder rufen Sie direkt in der Firma an:

- *I have some information to submit. Would you please give me the ... manager's name and extension?*

Dies wird Sie in den Bewerbungsschreiben und Vorstellungsrunden aus der Gruppe der Bewerber hervorheben: Sie fallen positiv auf.

Bei Mass-Mailings dürfen Sie nicht mit einer schriftlichen Antwort rechnen. Sie können aber selbst hinterher anrufen, sich erkundigen und damit weiteren Kontakt herstellen. Am Telefon sagen Sie z. B.:

- I sent you my resume last week. I am sure that you are very busy, but it would be very helpful if I could set up an appointment.
- Can we talk about job opportunities at your company? By phone, at your convenience?

Je mehr Informationen Sie über die angeschriebenen Firmen haben, um so besser. Sie finden diese z. B. in:

- Fachzeitschriften (wie *Business Week, Forbes, Fortune*)
- Lokalpresse (z. B. *Chicago Tribune, St. Francisco Chronicle*)
- National Newspapers (*Wall Street Journal, USA Today, Barron's*)
- Businesslexika (*Dun & Bradstreet Million Dollar Directory, Thomas Register of American Manufacturer, Moody's Complete Corporate Index*). Vgl. Kapitel 9.3.

7.3 Checkliste zum Begleitschreiben

- Haben Sie den Brief an eine bestimmte Person adressiert?
- Haben Sie das Interesse des Lesers geweckt?
- Sind Sie so genau wie möglich auf die Anforderungen des Arbeitgebers eingegangen?
- Haben Sie zwei bis drei Pluspunkte aus dem Resume zitiert?
- Ist der Brief kurz und gut zu lesen?
- Haben Sie darauf geachtet, dass im Anschreiben nicht der ganze Lebenslauf wiederholt wird?
- Haben Sie gutes Papier und einen guten Drucker benutzt?
- Haben Sie ausreichend Rand gelassen?
- Haben Sie Ihre Anschrift, E-Mail-Adresse und eine Telefonnummer, unter der Sie zu erreichen sind, angegeben?
- Haben Sie Ihren Brief von einem kompetenten Muttersprachler korrigieren lassen?

7.4 Cover Letters als E-Mails

Die Meinungen der Experten über elektronische Begleitschreiben gehen auseinander. Es gibt einerseits Unternehmer, die betonen, dass sie sich niemals die Zeit nehmen würden, die Anschreiben zu Online-Lebensläufen zu lesen, andererseits weisen einige Karriere- und Personalberater darauf hin, dass man über eine gut formulierte Cover-Letter-E-Mail die Pluspunkte des Bewerbers deutlich vor Augen geführt bekommen kann.

Ganz gleich, ob Sie per E-Mail auf eine Stellenanzeige antworten oder unaufgefordert eine Bewerbung an eine Firma schicken, fassen Sie sich kurz. „Less is more", lautet das Motto. Ergänzen Sie im Cover Letter die Angaben aus Ihrem elektronischen Resume ohne sie zu wiederholen.

Es wird allgemein empfohlen, das Begleitschreiben nicht gesondert zu schicken, sondern in die E-Mail mit dem Lebenslauf zu integrieren. Attachments werden wegen der Virengefahr und möglicher Konvertierungsprobleme nicht gern gesehen. Der Lebenslauf folgt in der E-Mail also direkt auf das Anschreiben. Ein weiterer Vorteil ist, dass die Arbeitgeber Ihren Lebenslauf sofort lesen können, ohne eine gesonderte Datei herunterzuladen und zu öffnen.

Um Ihnen zu zeigen, wie ein derartiger Cover Paragraph, der einem Resume vorsteht, aussehen könnte, hier ein Beispiel:

> „I found your posting for a Customer Service Manager (Job #12345) on the Internet at Career.com and would appreciate your serious consideration of my qualifications. I have more than ten years of operations management experience that included budget analysis and tracking ($13 million), expense control, staffing and customer service. I have succeeded in significantly controlling costs and maximizing productivity in all my jobs. I could also bring to this position my team spirit, ability to manage multiple priorities with time-sensitive deadlines, and strong communication skills.
>
> Pasted below is the text version of my resume and attached is the MS Word 2000 document as your advertisement requested. I look forward to hearing from you soon."

Wenn Sie sich nicht sicher sind, welches Format erwünscht ist, rufen Sie in der Firma an und fragen Sie beispielsweise:

> – How would you like me to send the resume? In the body of the e-mail? Or as an attachment?

Beziehen Sie sich in Ihrer Online-Bewerbung auf eine Stellenanzeige, so vergessen Sie nicht, in der Subject Line die Quelle zu zitieren und die E-Mail an den zuständigen Ansprechpartner zu richten. Wenn Sie eine Initiativbewerbung verfassen möchten, versuchen Sie, den Namen des zuständigen Mitarbeiters auf der Website des Unternehmens oder aus relevanten Firmenverzeichnissen herauszufinden.

Wie im klassischen so betonen Sie auch im elektronischen Bewerbungsschreiben all Ihre Stärken, die für den potenziellen Arbeitgeber interessant sein könnten. Bei jeder einzelnen Bewerbung sollten Sie individuell und entsprechend den jeweiligen Bedürfnissen des Unternehmens Ihren Problemlösungswert formulieren. Gleichen Sie Ihre Keywords mit denen der Stellenanzeige ab. Auch wenn es sehr leicht scheint, sich online zu bewerben, seien Sie genauso sorgfältig wie bei einer klassischen Bewerbung: Das Stellenprofil des Unternehmens und Ihr Bewerberprofil müssen absolut stimmig sein.Vergessen Sie nicht, neben Ihrem beruflichen Know-how auch Soft Skills anzugeben. Operieren Sie mit Begriffen wie Team-Leader, Strong Communication Skills und Proven Organizational Skills – diese müssen aber exakt zur angestrebten Position passen.

Auch online muss Ihre Begeisterung für die Stelle/für das Unternehmen rüberkommen.

Axel Wirtz
Kantstrasse 235
58256 Ennepetal,
Germany
Tel.: 01149-2333-1234
E-mail: A.Wirtz@europanet.de

Mr. James Patterson
ABC Publishing
542 Nerston Freeway
Dallas, TX 75245
USA

March 11, 2005

Dear Mr. Patterson:

I am interested in seeking employment in your firm.

I am presently working as a project manager at Nordstern Insurance in Cologne, Germany. I completed my studies in Business Adminis-tration in 1995 at the University of Trier. I am fluent in English and have practical experience in marketing, sales and accounting.

I consider myself to be energetic, highly motivated and a team-player. Enclosed please find my resume.

I will be in Dallas next week and look forward to contacting you to arrange an appointment to introduce myself.

If you wish, you can reach me at 214-985-5587.

Sincerely,

Axel Wirtz

Axel Wirtz

Encl.

Anke Schultz
Holunderweg 153
28111 Bremen
Germany
Tel.: 01149-421-987654

Mr. Thomas Dzimian
German-American Chamber of Commerce
40 West 57th Street
New York, NY 10019

January 25, 2005

Dear Mr. Dzimian:

My name ist Anke Schultz and I am a German student studying at the University of Hamburg. My major is Business Management and my special interest is in international business marketing and finance. I have been studying English since High School and have always been interested in foreign cultures.

I would particularly welcome the opportunity to obtain a summer internship with a German corporation doing business in New York or with an American company with interests in Germany. Any assistance that you and the German-American Chamber of Commerce could offer me would be appreciated.

The enclosed resume outlines my educational background and work experience. Realizing the limitations of a resume alone, I would welcome the opportunity to meet with you and explore the matter further. I will be in New York in March and will be available for a personal interview during that time. I will call next week to discuss when we might get together.

If you wish to contact me in Germany, you can reach me at:
01149-421-987654.

Thank you for your consideration. I look forward to hearing from you.

Sincerely,

Anke Schultz

Anke Schultz
Encl.

Oliver Köhler • Bessemer Weg 222 • 91555 Erlangen, Germany

Tel.: 01149-9131-75483 Fax: 01149-9131-75484

February 15, 2005

Mr. John Wilkinson
Recruiting Coordinator
Information Link Systems, Inc.
324, Allen Avenue
Austin, TX 12345
USA

Dear Mr. Wilkinson:

Your advertisement in the Austin Tribune for a software engineer caught my attention. After five years of successful experience in a similar position in Germany I am confident that I can make a direct and immediate contribution to your organization.

I have enclosed my resume which details my qualifications and my expertise in Information Systems management. I am accustomed to organizing and supervising complex projects and work well on teams. I currently manage a division-wide micro-computer development project involving hardware engineering, systems and product level software development and market planning.

I would very much like to meet with you to discuss the vacancy.

I am genuinely interested in working for Information Link Systems.

Thank you for your time and consideration. I look forward to talking to you.

Sincerely,

Oliver Köhler

Oliver Köhler

Encl.

7.5   Job Application Forms – Bewerbungsformulare

Wenn man in größeren Firmen in Personalbüros vorspricht, erhält man häufig Personalbewerbungsbögen mit der Bitte, sie dort direkt auszufüllen. Können Sie die Formulare mit nach Hause nehmen, so sollten Sie Ihre Antworten noch von einem Muttersprachler korrigieren oder einem Berufsberater begutachten lassen. Achten Sie darauf, dass Sie nichts übersehen und fehlerfrei und deutlich schreiben. Wenn Ihre Schrift nicht gut lesbar ist, benutzen Sie Großbuchstaben. Schreiben Sie sorgfältig, aber lassen Sie sich nicht zu viel Zeit, für den Fall, dass diese gemessen wird. Bei Fragen, die auf Sie nicht zutreffen, schreiben Sie nur:

- N.A. (not applicable) oder machen Sie einen Strich: „–"

Fragen, die Sie aus gesetzlichen Gründen nicht beantworten müssen, betreffen Geschlecht, Familienstand, Religion, Rasse und Alter. Sollte trotzdem danach gefragt werden, lassen Sie besser keine Lücken. Bei kniffligen (tricky) Fragen können Sie schreiben: „Will discuss during interview."

- Position Required:
  Geben Sie die genaue Bezeichnung an, wenn eine freie Stelle vorhanden ist. Oder aber formulieren Sie allgemein und nennen den Bereich, in dem Sie arbeiten möchten.

- Health Information:
  Schreiben Sie einfach: „Health excellent". Auf keinen Fall aber dürfen Sie lügen, wenn eine schwere Erkrankung vorliegt, dies wäre Grund für eine spätere Entlassung.

- Education:
  Auf dem Formular ist üblicherweise wenig Platz. Versuchen Sie, wesentliche Informationen unterzubringen, auch berufsbezogene Kurse, die für Ihre Bewerbung interessant sein könnten.

- Job Title:
  Wenn Sie Ihre bisherigen Positionen nicht genau übersetzen können, umschreiben Sie diese, z. B. Head of Department, gefolgt von der Bezeichnung der Abteilung.

- Work Experience:
  Wenn Sie noch nicht über viel Arbeitserfahrung verfügen, geben Sie auch Tätigkeiten für Voluntary Organizations, Jobrelated Trainings und Hobbys an. Können Sie dagegen viele Stellen nachweisen, fassen Sie diese zusammen, z. B. „a variety of … jobs in …"

- Hobbies:
  Hobbys werden auch Recreational Activities genannt. Erwähnen Sie nur diejenigen, die interessant für die Stelle sein könnten (z. B. Aktivitäten in Sportvereinen, die als ein Indiz für Teamfähigkeit gelten können).

- Future Plans:
  Schreiben Sie z. B., dass Sie sich weiterbilden und mehr Verantwortung übernehmen möchten.

- Salary:
  Zum Gehalt machen Sie keine genauen Angaben: Sie können „Open" oder „Salary negotiable" schreiben. Oder Sie geben eine Gehaltsspanne an, wie 7 bis 10 Dollar pro Stunde oder 35 000 bis 40 000 Dollar pro Jahr. Wenn Sie aber das bisherige Gehalt angeben sollen, nennen Sie das Salary Package, inklusive Zulagen.

Vermeiden Sie Lücken auf dem Bewerbungsbogen. Füllen Sie beispielsweise Zeiten der Arbeitslosigkeit mit anderen Tätigkeiten wie Phasen der Kindererziehung, Teilzeitjobs, Zusatzausbildungen.

Es ist wichtig, dass Sie gut auf einen Personalfragebogen vorbereitet sind, damit Sie nicht wesentliche Teile Ihrer Laufbahn vergessen. Am besten stellen Sie zu Hause eine Liste mit Stellen und Daten zusammen, sodass Sie nur nachzusehen brauchen. Experten empfehlen auch, dem Bewerbungsformular einen Lebenslauf beizufügen (mit dem Hinweis „See attached resume"). Achten Sie darauf, dass die Angaben auf dem Personalbogen mit den Daten auf Ihrem Lebenslauf übereinstimmen.

Job Application Form

Date of Application		Position applied for
Referred by		Date you are available

Full Name (Last, First)

Address: Building/Number/Street

City	State/ZIP
Home Telephone	Business Telephone

Are you a United States Citizen?

If not, do you have an alien registration card?

Education

	Name/ Address of School	Dates	Major	Degree/ Diploma
High School				
College/University				
Special Training				

Employment History

Name and Address of Employer	Dates Employed	Type of Work	Reason for Leaving

References

Name	Business/Organization	Address/Telephone

Relationship to you (Teacher, Supervisor, Friend, etc.)

Special Skills

(Foreign languages/knowledge of computers/sports/awards)

Online Resume Form

- First Name
- Last Name
- Address
- City of Residence
- State of Residence
- Country of Residence
- Telephone Number
- Email Address
- Current Job Title
- US citizen or authorized to work in the US
- Level of Education
- Years of Experience
- Field of Expertise and Companies, Titles, Dates of Employment
- Title of Desired Job
- Skills for Desired Job
- Job Location Desired

Paste Body of Resume/Paste ASCII text version

(Your text needs to fit in the box below from left to right, or it will exceed the web browser's display and may not format correctly.)

Submit my resume

8   Der amerikanische Lebenslauf

8.1   Allgemeine Tipps für Resumes

Auch die amerikanischen Arbeitgeber erwarten, dass die Bewerber möglichst genau beschreiben können, welches Berufsziel und welche Position sie anstreben und welche Qualifikationen, Berufserfahrungen und persönlichen Eigenschaften sie mitbringen. Bevor Sie also einen amerikanischen Unternehmer kontaktieren, einen Lebenslauf abschicken oder in ein Vorstellungsgespräch gehen, sollten Sie alle nötigen Daten (Zeitangaben, Abschlüsse, Arbeitgeber, Arbeitsschwerpunkte, Interessen, etc.) zusammengestellt haben - nach dem Motto:

„Know Thyself – Know Thy Job – Know what you want to offer."

Die Amerikaner vergleichen die Arbeitssuche gern mit einer Marketingkampagne, bei der der Bewerber als besondere Marke bzw. Dienstleistung gesehen wird und sich selbst für das Produkt „Ich" möglichst geschickt zu vermarkten hat. Der Arbeitgeber sucht einen Mitarbeiter, der seine Probleme lösen kann. Sie müssen ihm im Detail klarmachen, dass Sie das entsprechende Potenzial haben. Ihre Hausaufgaben vor der eigentlichen Arbeitssuche lauten also:

- Skills, Interessen und persönliche Qualitäten definieren,
- berufliche Erfahrungen auflisten,
- kurz-/langfristige Berufsziele definieren,
- Sparte aussuchen, in der Sie arbeiten möchten,
- den Arbeitsmarkt in Ihrer Branche recherchieren,
- geografisch günstige Gegend auswählen,
- Größe der Firma bestimmen,
- Unternehmen aussuchen.

Nehmen Sie das Anfertigen Ihrer Bewerbungsunterlagen nicht zu leicht. Bereiten Sie sich optimal vor, handeln Sie nach der Devise: „Think before you write." Nur dann werden Sie in der Lage sein, sich möglichst geschickt mit Ihrem Lebenslauf zu verkaufen. Ihr Resume bietet dem potenziellen Arbeitgeber die Möglichkeit, sich vorab ein Bild davon zu verschaffen, welches Potenzial Sie mitbringen. Dabei sucht er in jedem Fall jemanden, der in der Lage ist, die in seinem Unternehmen anstehenden Herausforderungen zu bewältigen. Deshalb muss in Ihrem Resume alles aufgeführt werden, was Sie an Pluspunkten zu bieten haben. Ihr zukünftiger Arbeitgeber muss daraus ableiten können, was Sie mit Ihrem

Know-how für seine Firma leisten könnten. Die Reaktion des Arbeitgebers auf Ihren Lebenslauf sollte sofort sein: „Das ist genau der, den ich brauche." Wenn Sie sich auf mehrere Stellen gleichzeitig bewerben, verfassen Sie unterschiedliche Lebensläufe, die jeweils möglichst genau auf die in der Anzeige gewünschten Fähigkeiten und Erfahrungen zugeschnitten sind.

 ## Hinweis!

Ein amerikanischer Lebenslauf muss:

- *kurz sein (ein bis zwei Seiten),*

- *kompakt sein (z. B. ohne Schachtelsätze),*

- *sich auf das Wesentliche beschränken,*

- *auf die Bedürfnisse des Arbeitgebers eingehen,*

- *Leistungen und Qualifikationen konkret hervorheben.*

Denn: Die Profis in den Personalbüros wenden ca. 30 Sekunden Zeit auf, um einen Lebenslauf zu überfliegen. Beschränken Sie sich also auf das absolut Notwendige!

Lebenslauf nach Maß

In Amerika gibt es folgende Arten von Resumes:

- Chronological Format
  Die Standardvariante, bei der die aktuelle Stelle als erste aufgeführt wird. Diese Resumes sind für Bewerber geeignet, die schon mehrere Jahre Berufserfahrung und interessante Posten hatten. Wenn der letzte Job für die aktuelle Stellenanzeige nicht relevant ist oder wenn man häufig den Arbeitgeber gewechselt hat, ist diese Form eher ungünstig.

- Function (Skills) Format
  Im Mittelpunkt stehen die Qualifikationen und Fähigkeiten des Bewerbers, gegliedert nach funktionalen Begriffen oder Arbeitsbereichen (ca. drei bis fünf Begriffe) wie z. B.:
  - Purchasing,
  - Office Management,
  - Design.

Genaue Zeiträume spielen keine Rolle. Sie werden nicht angegeben. Skills Resumes sind zu empfehlen, wenn man Lücken in der Laufbahn hat, wenig Berufserfahrung besitzt oder wenn man Berufsrückkehrer ist. Auch für Bewerber, deren Skills interessanter sind als ihre Berufserfahrung, eignet sich der funktionale Lebenslauf. Allerdings sind diese Resumes in der Darstellung manchmal weniger übersichtlich als die chronologischen Versionen.

- Chrono-Functional (Combination) Resume
  Diese Resume-Art umfasst sowohl die Daten zur Work History als auch Skills und Accomplishments. Es ist ein Lebenslauf, der zwar die Vorteile des chronologischen und funktionalen vereint, dafür aber schwieriger zu lesen ist. Er bietet sich an, wenn der Bewerber in der Sparte der ausgeschriebenen Stelle langjährige Berufserfahrungen nachweisen kann sowie herausragende Leistungen mitbringt.

Resumes werden vom Arbeitgeber häufig dazu genutzt, die Bewerber auszusieben. Deshalb ist es nicht die effektivste Methode der Arbeitssuche, unaufgefordert möglichst viele Lebensläufe zu verschicken. Ihr primäres Ziel muss darin bestehen, dass Ihr Resume nicht aussortiert wird, sondern Ihnen eine Einladung zu einem Vorstellungsgespräch verschafft. Es ist daher empfehlenswert, den Arbeitgeber zunächst anzurufen und sich mündlich vorzustellen. Während eines USA-Aufenthalts können Sie natürlich auch persönlich in die Firma gehen und erst dann, wenn Sie einen Gesprächstermin ausgemacht haben, den Lebenslauf abschicken bzw. mailen. Dies lässt sich allerdings nicht immer realisieren, z. B. dann nicht, wenn nur eine P.O. Box in der Annonce angegeben ist.

Sollten Sie von dem angeschriebenen Unternehmen keine Antwort bekommen, können Sie einen zweiten Lebenslauf (auch online) zuschicken. Weisen Sie im Begleitschreiben darauf hin, dass Sie damit das Eintreffen Ihres Resumes in der Firma sicherstellen wollen. Schreiben Sie z. B.:

> – Thank you for considering my resume. In case you need another, here is an extra copy.

Der Lebenslauf muss in jedem Fall perfekt verfasst sein, sonst haben Sie keine Aussichten auf Erfolg. Allerdings garantiert Ihnen selbst ein optimaler Lebenslauf noch keine Stelle: Die Einladung zu einem Vorstellungsgespräch bleibt zunächst das Hauptziel. Neben einem perfekten Resume brauchen Sie Kontakte, Informationen und eine gute Interviewtechnik, wenn Sie am Ende erfolgreich sein wollen.

8.2 Chronological Resume

Ein typischer amerikanischer Lebenslauf ist folgendermaßen gegliedert:

Absender

Name und Adresse – in Deutschland bzw. Amerika - stehen oben links oder oben in der Mitte, der Name erscheint in Großbuchstaben und ist fett geschrieben. Kürzen Sie in der Anschrift nichts ab. Vergessen Sie nicht, Ihre Telefonnummern (mit Vorwahl von den USA aus: 01149 bzw. +49) anzugeben.

Da viele Arbeitgeber nicht per Brief antworten, sondern eher das Fax benutzen, nennen Sie am besten auch Ihre Faxnummer. Sie sollten auf jeden Fall ebenfalls Ihre E-Mail-Adresse angeben.

Sollten Sie während Ihres Aufenthalts in Amerika eine Adresse haben (Hotel, Bekannte etc.), können Sie diese ebenso aufführen, damit man Sie leichter kontaktieren kann. Einige Experten empfehlen, Mr., Mrs., Miss, Ms. vor den Namen zu setzen, damit der amerikanische Arbeitgeber erkennen kann, ob Sie männlich oder weiblich sind.

Berufsziel (Job Objective, Employment Objective, Position Desired)

Job Objectives sind in amerikanischen Lebensläufen zwar durchaus üblich, man kann aber auch darauf verzichten. Junge Bewerber brauchen kein Ziel anzugeben, das ist eher Kandidaten mit Berufserfahrung vorbehalten. Objectives werden besonders in den Targeted/Functional Resumes empfohlen.

Die beruflichen Ziele nennt man oben im Lebenslauf oder im Begleitschreiben, wenn sie zur ausgeschriebenen Stelle passen. Sie erläutern, was für eine Position Sie anstreben und welchen Gewinn die Firma davon hätte. Job Objectives sollten kurz und präzise in ca. zehn bis zwölf Wörtern aufgeführt werden. Der Arbeitgeber erwartet auf eine spezifische Stellenausschreibung auch eine spezifische Beschreibung Ihrer beruflichen Ziele, z. B.:

- Auto Mechanic for Mercedes cars.
- A challenging opportunity as Senior Programmer utilizing hands-on expertise in IDMS applications development.

Einige Experten warnen allerdings davor, den angestrebten Aufgabenbereich zu genau zu formulieren, da Sie damit eventuell Ihre Chancen verringern. Sie können aber die Abteilung nennen, in der Sie Ihre Skills und Berufserfahrungen einbringen wollen. Fassen Sie sich kurz, z. B.:

- To obtain a position in which I can utilize my work experience and education.
- A challenging position in Sales/Credit Management.
- A challenging position as a computer programmer or analyst, requiring skills in business, accounting and supervision of others.

Der Nachteil dieser Angaben besteht darin, dass Sie Ihre Vorstellungen beschreiben und damit nicht unbedingt das, was dem Arbeitgeber konkret nutzt. Ihr Job Objective muss für Sie persönlich richtig sein, aber auch die Ansprüche der Arbeitsmarktsituation erfüllen. Sie sollten sich also regelmäßig über Entwicklungen und Trends des Arbeitsmarkts informieren, und zwar in Fachzeitungen und -zeitschriften, Nachschlagewerken, über Vermittlungsagenturen und Arbeitsämter.

Im Anschluss an das Berufsziel können Sie zusätzlich in zwei bis drei Sätzen unter der Überschrift „Career Summary" Ihren beruflichen Hintergrund zusammenfassen und beschreiben, wie Sie der Firma nutzen, z.B.:

- Ten years' experience in sales and marketing, including advertising, distribution and sales analysis.
- Proven team leader and problem solver with highly developed organizational, communications and planning skills.

Diese Angaben sind freiwillig. Sie empfehlen sich besonders für Kandidaten mit viel Berufserfahrung und haben den Vorteil, dass der Arbeitgeber schon zu Beginn des Resumes die Pluspunkte Ihres beruflichen Werdegangs kennen lernt und zum Weiterlesen motiviert wird.

Zur Person

Alter oder Ehestand werden in einem amerikanischen Lebenslauf nicht angegeben. Das Gesetz verbietet im Einstellungsverfahren eine Diskriminierung nach der Hautfarbe und der persönlichen Situation (Junggeselle, verheiratet mit Kind, alleinerziehend etc.).

Folgende Daten bleiben ebenfalls unerwähnt: Geburtsdatum, Geburtsort, Religionszugehörigkeit, Familienstand. Auch Ihr Gewicht und Ihre Körpergröße nennen Sie nicht, es sei denn, dies wird erwartet (beispielsweise, wenn Sie sich auf eine Stellenanzeige als Fitnesstrainer bewerben). Einem amerikanischen Lebenslauf liegt kein Foto bei.

Berufsausbildung /-erfahrung

Berufserfahrung (Qualification/Experience) zählt in einem amerikanischen Bewerbungsverfahren mehr als Examina und Titel. Sie ist der wichtigste Abschnitt des Lebenslaufs. Es kommt darauf an, eine logische Verbindung zwischen der ausgeschriebenen Stelle und Ihren beruflichen Erfahrungen herzustellen. Unter Experience wird nicht nur Berufstätigkeit, sondern auch Engagement in Ehrenämtern verstanden.

- Employment History/Professional Experience
- Volunteer Experience/Other Experience

Folgende Daten sind jeweils anzugeben:

- Arbeitgeber,
- Adresse,
- Stellenbezeichnung,
- Verantwortungsbereich,
- Beschäftigung von ... bis ...

Bitte beachten Sie, dass die Namen der Firmen ausgeschrieben werden, Initialen z. B. in Klammern. Es empfiehlt sich, die Namen der Unternehmen zu übersetzen. Bei der Firmenadresse nennen Sie nur die Stadt und den Staat, ohne Straße und Telefonnummer:

- Deutsche Ingenieurberatungsgesellschaft für Bauwesen, (DIB, Consulting Engineers), Dortmund, Germany.

Ihre Stellenbezeichnung umschreiben Sie, wenn es im Amerikanischen keine Entsprechung gibt. Halten Sie sie allgemein, werden Sie nicht zu spezifisch, um Ihre Chancen nicht zu verringern, z. B.:

- Salesman,
- Customer Service Representative,
- Assistant Vice President,
- Typist.

Zum Thema „Verantwortungsbereich" wird nicht jede Einzelheit aufgezählt, sondern nur Folgendes genannt:

- Größe der Abteilung, die Sie leiteten,
- Höhe des Budgets,
- speziell für die Bewerbung interessante Details.

Wenn Sie schon länger berufstätig sind, nennen Sie die letzten drei bis vier Jobs der zurückliegenden zehn Jahre. Wiederholen Sie nicht die Details, sondern variieren Sie die erwähnten Leistungen im Beruf. Man unterscheidet zwischen dem Verantwortungsbereich einerseits und Accomplishments und Duties andererseits, z. B.:

- Responsible for supervision:
- Trained new employees,
- Supervised six-person sales staff.

Genaue Daten werden nur im chronologischen Lebenslauf mit Monaten und/oder nur Jahreszahlen aufgeführt, dies aber einheitlich. Dafür gibt es folgende Alternativen:

- January 1st 2001 to December 31st 2004,
- 1/1/01 to 12/31/04,
- January 2001 to December 2004,
- 2001 to 2004.

Sie können Lücken in der Berufstätigkeit auch übergehen, müssen aber darauf vorbereitet sein, dass man Sie in Interviews daraufhin anspricht. Dafür müssen Sie eine plausible Erklärung bereit halten.

Accomplishments

Einen hohen Stellenwert in einem amerikanischen Lebenslauf haben die Resultate Ihrer bisherigen Berufstätigkeit, die Accomplishments. Sie beschreiben mit Aktionsverben und Zahlen möglichst konkret, was Sie erreicht, d. h. verkauft, organisiert, verbessert haben. Nennen Sie vor allem Beispiele, die in Hinblick auf das Anforderungsprofil der ausgeschriebenen Stelle interessant sind. Vermeiden Sie Allgemeinplätze und Floskeln:

- statt: „Exercised great responsibility",
- besser: „Supervised 100 skilled technicians".

Weitere Beispiele:

- Supervised four full-time and twelve part-time retail sales employees.
- Increased sales 41 percent over prior years.
- Established 40 new accounts.
- Proposed and tracked annual $ 300 000 departmental budget.
- Trained 100 new employees in customer service.
- Designed new products, resulting in first-year net profit of $ 50 000.

Diese Accomplishments listen Sie am besten mit Spiegelstrichen versehen oder dicken Punkten (Bullets) auf. Fassen Sie sich kurz: Pro Abschnitt nicht mehr als fünf Zeilen vorsehen. Verzichten Sie auf Pronomina und Artikel wie „I", „a/an".

Die Firma, bei der Sie sich bewerben, ist an den Ergebnissen Ihrer bisherigen Tätigkeiten interessiert. Ihre Berufserfahrung muss daher möglichst interessant und viel versprechend klingen. Es kommt darauf an, zu zeigen, wie erfolgreich Sie in den bisherigen Stellen tätig waren. Fragen Sie sich dazu:

- Habe ich auftretende Probleme gelöst?
- Habe ich die Kosten reduziert?
- Habe ich die Gewinne erhöht?
- Habe ich die Produktivität gesteigert?
- Habe ich die vorgegebenen Ziele erreicht oder übertroffen?

Sie sollten aber auch nicht zu viel über Ihre Vergangenheit schreiben. Es muss Ihnen gelingen, in Ihrem Resume den Bezug zur ausgeschriebenen Stelle herzustellen, d. h. Ihre Erfahrungen an den künftigen Aufgaben des neuen Arbeitgebers zu orientieren.

Ein häufiger Fehler in Lebensläufen ist die Ungenauigkeit der Angaben. Damit riskieren Sie, nicht in die engere Wahl zu kommen. Listen Sie deshalb zunächst einmal alle Daten auf und streichen Sie dann alles, was für den angestrebten Posten nicht unbedingt nützlich ist.

Die Attraktivität eines Lebenslaufs steigern die richtigen Aktionswörter. Sie spielen eine große Rolle in amerikanischen Resumes. In der Sparte Berufserfahrungen sollten Sie deshalb ausgiebig Gebrauch davon machen:

Aktionswörter

Accelerated, achieved, analysed, built, coordinated, created, conceived, conducted, completed, controlled, directed, demonstrated, designed, earned, expanded, evaluated, examined, founded, implemented, improved, innovated, introduced, investigated, launched, led, managed, motivated, negotiated, organized, performed, produced, set up, proposed, reduced, researched, revised, scheduled, sold, solved, streamlined, strengthened, supervised, supported, taught, trained, transferred, utilized, won, worked, wrote.

Active, adaptable, aggressive, alert, ambitious, analytical, broad-minded, communicative, conscientious, constructive, creative, cooperative, dedicated, dependable, determined, disciplined, discreet, efficient, energetic, flexible, enthusiastic, fair, hard-working, helpful, honest, humorous, imaginative, independent, intellectual, intelligent, logical, loyal, methodical, objective, optimistic, persistent, persuasive, pleasant, positive, precise, realistic, reliable, results-orientated, responsible, sensitive, sincere, sophisticated, systematic, tactful, talented, versatile, willing to travel.

Accuracy, dependability, enthusiasm, initiative, intelligence, honesty, judgement, leadership, persistence, punctuality, strong work ethic, stability, willingness to do more than expected.

Es ist in einem amerikanischen Lebenslauf äußerst wichtig, dem Arbeitgeber deutlich zu machen, wie er von Ihren beruflichen Erfahrungen profitiert. Diplome spielen eine untergeordnete Rolle. Vermeiden Sie Wiederholungen. Formulieren Sie nicht für jede einzelne Stelle die gleichen Tätigkeitsbeschreibungen, sondern variieren Sie. Der Arbeitgeber möchte u. a. wissen, ob Sie in der Lage sind, mit anderen zusammenzuarbeiten und Verantwortung zu übernehmen. Als Schlüsselqualifikationen sind für ihn Kreativität, Teamfähigkeit, Kommunikationsfähigkeit, Führungsqualitäten sowie Fleiß, Pünktlichkeit, Zuverlässigkeit interessant.

Wenn Sie wenig Berufserfahrung haben, können Sie auch ehrenamtliche Tätigkeiten sowie Teilzeitarbeit und Praktika nennen. Die

Zugehörigkeit zu Vereinen, für die Sie sich engagiert haben, ist in diesem Zusammenhang ebenfalls interessant, z. B.:

- Elected Captain of a Football Team.
- Received Musical Award for Piano.
- Worked for several restaurants part-time during college.

Auch wenn Sie schon über langjährige Berufserfahrung verfügen, können Sie andere Aktivitäten erwähnen: Damit beweisen Sie Engagement und Führungsqualitäten. Je jobbezogener Ihre Angaben sind, desto besser. Wenn Sie nicht sicher sind, welche Ihrer Fähigkeiten und Qualifikationen Sie für Ihren Lebenslauf zitieren sollen, empfiehlt es sich, im „Dictionary of Occupational Titles" die Berufsbeschreibungen durchzusehen und die dort als wichtig genannten Aspekte entsprechend Ihrer persönlichen Erfahrung in Ihr Resume einzubauen.

- *Dictionary of Occupational Titles*
  US Department of Labor
  Im Internet zu finden unter: www.oalj.dol.gov/libdot.htm

Schulbildung

Im amerikanischen Lebenslauf werden die Schul- bzw. Hochschulabschlüsse in der Sparte „Education/Professional Training" mit Daten angegeben wie z. B. Date of Graduation. Die einzelnen Ausbildungsetappen werden wie folgt aufgelistet:

- Namen der Schulen, Adressen (Stadt, Land),
- Dauer des Schulbesuchs,
- Zeit und Art des Abschlusses,
- Titel (mit Übersetzung oder amerikanischer Entsprechung),
- GPA, Durchschnittsnote (eine freiwillige Angabe),
- Haupt- und Nebenfächer.

Sie nennen aber nicht nur die Abschlüsse, sondern auch einzelne Kurse, die für die Stellenanzeige interessant sind, z. B.:

Institute for Business Training,
    one-year training program in Business Management,
    Graduated July 1997,

Courses included:
Office Management, Word Processing, Accounting
Seminar in Management Accounting
Industrial and Managerial Economics
Business Communications

Desktop Publishing:
6-month training program,
Meyer Computer Zentrum, Hamburg 2003

Es ist sinnvoll, die deutschen Examina zu erklären, damit der amerikanische Arbeitgeber sie besser einschätzen kann. Es gibt in den USA keine dem deutschen Hauptschul- und Realschulabschluss äquivalenten Abschlüsse. Dem Abitur entspricht das High School Diploma. Die Abschlüsse der Colleges und Trade Schools kann man in Abkürzungen angeben, z. B.: B.A., B.Sc., M.B.A. Bitte erkundigen Sie sich nach den Entsprechungen für Ihren Abschluss. (Eventuell kann Ihnen die Deutsch-Amerikanische Industrie- und Handelskammer weiterhelfen.) Sie können in dieser Rubrik Ihres Lebenslaufs mit dem Ausbildungsort oder dem Abschluss beginnen, je nachdem, was Ihnen attraktiver erscheint, z. B.:

– B.S. in Economics, 2002, State College,
– Oregon Diplom (M.S.), Civil Engineering,
– Technical University of Hanover,Germany, B.Sc., 2002.

Berufsbezogene Abschlüsse werden ebenfalls aufgeführt, z. B.:

– Certified Public Accountant, Berlin, Germany, 2001.

Wer keine Abschlüsse vorzuweisen hat, erwähnt nur die Daten (die Jahre) des Schulbesuchs und die Schule. Eine abgeschlossene Lehre, falls interessant für die Bewerbung, sollten Sie mit „Diploma" angeben. Es gibt in Amerika keine genaue Entsprechung für die deutsche Lehrlingsausbildung.

Falls Sie nur wenig Berufserfahrung haben, können Sie den Abschnitt zu Education vor den Abschnitt Experience platzieren. In diese Sparte gehört auch eine Beschreibung Ihrer Englischkenntnisse.

Gute Noten zählen im amerikanischen Bewerbungsverfahren sehr viel. Deshalb sollten Sie nicht versäumen, gute deutsche Prüfungsergebnisse zu erwähnen. Dies gilt auch für Bewerber, die gerade erst die Universität verlassen haben. Zählen Sie nicht zu viele Schulen auf. Haben Sie Abitur, beginnen Sie erst mit der High

School. Besuchten Sie mehrere Schulen, so wird nur die letzte erwähnt. Wer ohne Abschluss von einer Schule abgegangen ist, erwähnt „Class of ...(Jahr)".

Vergessen Sie nicht, unter „Education" in einer Sparte „Special/ Professional Training" auch Kurse zu erwähnen, die für den Arbeitgeber interessant sein könnten, z. B. Word Processing Course, Spreadsheet Course, Presentation Course, Power Point. Praktika, die für die Bewerbung wichtig sein könnten, sowie Ferienjobs werden übrigens unter „Work Experience" oder „Special Educational Experience" aufgeführt.

Zusatzinformationen

Personal Interests werden in einem amerikanischen Resume nicht erwähnt, es sei denn, man hätte ganz hervorragende Leistungen vollbracht, Preise gewonnen etc. Einige Berater empfehlen allerdings, auch Freizeitaktivitäten zu nennen, da sie zum Aufwärmen bei Vorstellungsgesprächen dienen können. Die Hobbys sollten allerdings erst unten auf dem Lebenslauf erscheinen, als letzte Rubrik. Beschränken Sie sich auf eine Zeile. Wählen Sie zwei bis drei Aktivitäten (z. B. Sport, Fitnesstraining), die dem Arbeitgeber eventuell interessant erscheinen könnten. Fassen Sie sich dabei stets kurz, damit der Lebenslauf gut und schnell zu lesen ist. Bewerber mit viel Berufserfahrung geben statt ihrer Hobbys besser ihre Weiterbildungsaktivitäten an.

Statt „Additional Information" kann auch eine Sparte „Other/Miscellaneous" folgen. Darunter sollten Sie auch Mitgliedschaften in beruflichen und anderen Verbänden nennen, unter der Überschrift „Professional Affiliations". Sie beweisen damit Interesse an Ihrem Berufszweig und an Ihrer Karriere.

Auch „Community Activities", d. h. ehrenamtliche Tätigkeiten in gemeinnützigen Institutionen, finden Beachtung. Auslandsreisen, d. h. interkulturelle Erfahrungen können Sie ebenfalls in dieser Sparte aufführen. Grundsätzlich sollte nur das erwähnt werden, was jobrelevant ist. Ehrungen und Preise gehören auch in einen amerikanischen Lebenslauf. Sie zeigen, dass Sie besondere Leistungen vollbracht haben und legen dem Arbeitgeber nahe, dass Sie zum Erfolg der Firma beitragen würden, z. B.:

– Denoted as outstanding student by faculty.

Sie können am Ende des Resumes unter „Publications" auch Ihre Veröffentlichungen erwähnen, wenn diese für den Arbeitgeber von Interesse sind: „The Global Market." 2003. *The Economist.*

Special Skills

Darunter fallen Fertigkeiten und Kenntnisse, die in den Sparten „Ausbildung/Berufserfahrung" nicht genannt worden sind, Fremdsprachen, z. B.:

- Fluent in English
- Read Russian
- Understand French

Auch Computer Skills sind sehr gefragt (Computer Literacy).

- Familiar with Word-Processing and Spreadsheet-Calculations.
- Skilled in PVCS, MS Project, MS Office, MS Access, and Lotus Notes.

Referenzen

Einem amerikanischen Lebenslauf werden keine Arbeitszeugnisse beigefügt. Stattdessen nennt man Referenzen (References). Sie können schreiben:

- References are available upon request.
- Excellent business and personal references are available.

Dies ist aber nicht unbedingt nötig, da die Arbeitgeber sowieso nachfragen werden, falls sie Referenzen sehen möchten. Wenn Sie über genügend Referenzen verfügen, listen Sie diese auf einem gesonderten Blatt unter „List of References" auf:

- Organization,
- Address,
- City, State, ZIP,
- Job Title of Person,
- Working/Personal Relationship,
- Telephone Number & Area Code,
- E-Mail.

Im Resume selbst werden die detaillierten Referenzen nicht aufgeführt.

Was nicht in einen amerikanischen Lebenslauf gehört

Achten Sie auf „Political Correctness". Sie spielt eine große Rolle, da die Antidiskriminierungsgesetze sehr streng sind. Bestimmte Angaben sind in einem amerikanischen Lebenslauf daher nicht zu finden:

- Alter/Geburtsdatum,
- Geschlecht,
- Größe, Gewicht,
- Familienstand,
- Namen und Alter der Kinder,
- Religionszugehörigkeit,
- Rasse.

Fügen Sie kein Foto bei, man könnte Ihren Lebenslauf auf Grund dieses Formfehlers gleich zur Seite legen. Außerdem wird auf folgende Angaben verzichtet:

- Beruf der Ehefrau, des Ehemanns,
- Gesundheitszustand,
- Gehaltsvorstellungen,
- Gründe, warum Sie den letzten Job aufgegeben haben,
- Referenzen,
- Testimonials (Arbeitszeugnisse),
- Überschrift „Resume".
- Hinweis auf Ihre Verfügbarkeit (available from ...).

 Tipp!

Auf keinen Fall sollte es in Ihrem chronologischen Lebenslauf Lücken geben. Gab es Phasen, in denen Sie keine Arbeit hatten, so füllen Sie diese mit Kursen oder anderen Aktivitäten. In einem funktionalen Lebenslauf hingegen stehen keine genauen Zeitangaben. Diese Form empfiehlt sich deshalb, wenn der Bewerber relativ jung oder alt ist und diese Tatsache von Nachteil sein könnte. Auch für Berufsrückkehrer ist der funktionale Lebenslauf von Vorteil. Statt des Alters steht hier die Leistung im Vordergrund. Sie sollten aber bedenken, dass die Arbeitgeber hinter einem funktionalen Resume oft Mängel wie fehlende Berufserfahrung oder auch arbeitslose Zeiten vermuten.

Layout eines amerikanischen (Papier-)Resumes

- Rand

  Lassen Sie viel Rand an allen Seiten, mindestens 2,5 cm (1 Inch) rechts, links, oben und unten. So liest sich der Lebenslauf leichter. Dem potenziellen Arbeitgeber fallen Ihre Pluspunkte besser ins Auge. Das Layout des Lebenslaufs muss unbedingt dazu beitragen, dass der Adressat Ihre Ausführungen interessiert zu Ende liest.

  Bitte beachten Sie: Aufgrund des Buchformats haben die hier abgedruckten Musterlebensläufe weniger Rand und nehmen häufig zwei Seiten statt einer Seite ein.

- Schrift

  Verzichten Sie auf optische Effekte, halten Sie das Layout möglichst schlicht und verwenden Sie nur eine Schriftart. Übliche Schriften sind: Times/Serif, Palatino, New Century Schoolbook/ Serif, Helvetica, ITC Bookman/Serif. Fett-/Kursivdruck wird nur für Überschriften benutzt, aber auf keinen Fall für einzelne Wörter in einem Satz (Ausnahme: elektronische Resumes). Wählen Sie die Überschriften einheitlich und gliedern Sie sie hierarchisch. Empfohlene Schriftgröße: zwischen 11 und 14 Punkt.

- Papier

  Sie sollten kein pastellfarbenes Papier oder sonstige unübliche Farben verwenden. Geeignet sind weiß, hellbeige, hellgrau. Nehmen Sie Briefpapier in einer guten Qualität. Es darf allerdings nicht so dick sein, dass es beim Scannen einen Papierstau verursacht. Benutzen Sie einen guten Drucker! Sonst scheiden Sie schon vor der nächsten Runde aus, und zwar auf Grund von Nachlässigkeiten und formalen Fehlern.

  Amerikanisches Papier hat ein anderes Format als deutsches: 8,5 x 11 Inches, (21,5 x 28 cm) d. h. es ist breiter als das deutsche DIN-A4-Format, das deshalb in einem amerikanischen Aktenordner leicht überblättert werden könnte. Einige Experten empfehlen, beim Versand Sonderbriefmarken zu benutzen - als ein kleines Mittel, um Aufmerksamkeit zu erlangen.

- Aufteilung der Seite

  Es gibt zwei Spalten: Die linke, schmalere für Daten und Kapitelüberschriften, z.B. Summary, Experience, Education; die rechte, breitere für den Text. Die Abschnittsüberschriften dienen zur üblichen Gliederung des Lebenslaufs. Sie können in Großbuchstaben geschrieben, fett oder unterstrichen gedruckt werden. Die Namen stehen immer in einer Zeile, z. B.:

University of Southern California, Los Angeles.

8.3   Skills Resume

Ein Skills Resume unterscheidet sich vom chronologischen Lebenslauf in der Darstellung der Schwerpunkte. Im Skills (Functional) Resume gliedern Sie Ihre Berufserfahrungen nach einzelnen Skills. Mögliche Unterkapitel sind z. B.:

- Management Experience,
- Communication Experience,
- Technical Experience,
- Sales Experience,
- Financial Experience,
- Customer Experience,
- Leadership Experience,
- Computer Experience,
- Teaching Experience.

Darunter werden dann die Berufserfahrungen und die Leistungen in ca. vier bis fünf Punkten pro Bereich aufgelistet. Dazu zählen:

- Management Experience:
  - Supervised ...
  - Planned ...
  - Directed ...
  - Trained ...

Diese Anordnung eignet sich dazu, Lücken im Arbeitsleben oder mangelnde Berufserfahrungen zu überspielen. Führen Sie ca. vier bis fünf Abschnitte zu verschiedenen Skills auf, die in Bezug auf das Ziel (Job Target) der ausgeschriebenen Stelle interessant sein könnten. Ihre aktuelle Stelle wird im Anschluss an diese Abschnitte aufgeführt, und zwar mit Angabe des Arbeitgebers, wichtiger Daten und Stellenbezeichnungen. Ähnlich wie beim chronologischen Lebenslauf sollten Sie Wiederholungen vermeiden und möglichst verschiedene Aktivitäten und Leistungen auflisten. Sollten Sie auf eine lange Berufstätigkeit zurückblicken, fassen Sie verschiedene Stellen zusammen:

- 1980-1990: A variety of positions.

Allerdings empfehlen einige Experten, auch im Skills Resume Daten anzugeben:

- Cashier, Central Bank, Boston, 1991-1993.

Sie können – anders als beim chronologischen Lebenslauf – im funktionalen Lebenslauf nicht auf ein Career Objective verzichten, sondern müssen die gewünschte Position und den Tätigkeits- und Verantwortungsbereich in zwei bis drei Sätzen oder vier bis fünf Punkten beschreiben, und zwar oben nach dem Namen/der Adresse. Diesem Karriereziel ordnen Sie die verschiedenen Fähigkeiten und Fertigkeiten unter. Die Skills Section kann auch bezeichnet werden als:

- Summary of Qualifications,
- Area of Accomplishments,
- Area of Expertise,
- Skills and Abilities.

In diesem Absatz beschreiben Sie Ihre Qualifikationen – möglichst in Hinblick auf das Bewerberprofil – und erläutern diese mit konkreten (Zahlen-)Beispielen. Nennen Sie unbedingt die wichtigsten Punkte als erstes! Der Arbeitgeber muss den Eindruck gewinnen, dass Sie genau der/die Richtige für die ausgeschriebene Position seien.

8.4 Electronic Resume

Immer häufiger lassen amerikanische Firmen die (Papier-)Resumes in Datenbanken scannen oder die gemailten Resumes in Datenbanken importieren. Dies macht es den Arbeitgebern möglich, bei Bedarf Kandidaten nach Ausbildung und Berufserfahrung aufzurufen. Sie können Hunderte von Lebensläufen prüfen, nachdem sie entsprechende Schlüsselwörter eingegeben haben (z. B. Namen bekannter Firmen, Universitätsabschlüsse, Fremdsprachen). Fragen Sie ruhig in der Firma an, ob die Personalabteilung Ihren Lebenslauf scannen wird oder nicht, damit Sie sich darauf einstellen und Ihr Resume entsprechend gestalten können.

Vorteile elektronischer Lebensläufe

Der Lebenslauf ist auch im Zeitalter der elektronischen Medien ein wichtiges Instrument Ihrer Selbstmarketingstrategie. Nach wie vor ist es das Ziel, mit einem überzeugenden Lebenslauf zu erreichen, dass Sie zu einem Vorstellungsgespräch eingeladen werden. Allerdings haben die modernen Technologien das Bewerbungsverfahren wesentlich verändert. Mit Hilfe elektronischer Lebensläufe ist es leichter geworden, weltweit mit potenziellen Arbeitgebern schnell Kontakt aufzunehmen und die eigenen Fähigkeiten und Fertigkeiten (Skills and Abilities) zu vermarkten:

- Bei der ersten Kontaktaufnahme umgehen Sie beispielsweise klassischen Barrieren wie Sekretärin oder Empfang.
- Sie sparen bei Kopien und Portogebühren.
- Der Zeitfaktor bringt einen entscheidenden Vorteil. Wenn Sie sich in den USA bewerben und auf eine Anzeige reagieren wollen, kommt Ihre Mail ohne Verzögerung durch den Postweg beim Unternehmen an. Auch ein interessierter Arbeitgeber verliert keine Zeit, wenn er sich an Sie wenden möchte.

Elektronische Lebensläufe gibt es, analog zu den herkömmlichen, ebenfalls in unterschiedlichen Formen:

- chronologisch,
- funktional,
- in Kombination von beiden Formen.

Lesen Sie das Kleingedruckte in den Stellenanzeigen genau: Ist ein so genannter ASCII-Lebenslauf erwünscht, so steht dort meistens: „A plain text document sent in the body of the message." Schicken Sie den Lebenslauf ohne Attachments. Kein Arbeitgeber nimmt sich die Zeit, solche Anlagen zu laden.

Die Experten streiten sich darüber, ob ein Begleitschreiben erwünscht ist oder nicht. Sollte in der Anzeige nichts Gegenteiliges erwähnt sein, so stellen Sie einen Cover Letter voran. Vergessen Sie nicht, eine aussagefähige Subject Line bei Ihrer Bewerbungs-E-Mail hinzuzufügen, d. h. Jobtitle oder Reference Number.

Rufen Sie eventuell bei dem Unternehmen an, um zu fragen, ob zusätzlich ein Lebenslauf auf Papier erwünscht ist, oder schreiben Sie unter Ihren Lebenslauf: „A fully formatted hard copy version of this resume is available upon request." Die entscheidende Frage lautet jedoch: An wen schicken Sie Ihren elektronischen Lebenslauf am besten? Sie müssen zwischen folgenden Präferenzen abwägen:

- Ihren elektronischen Lebenslauf können Sie bei einem großen Career Center in eine Resumedatenbank eingeben lassen, wenn Sie wollen, dass er von möglichst vielen gelesen wird.

- Wenn Sie weniger breit, sondern gezielter suchen möchten,
  schicken Sie Ihren Lebenslauf an eine der kleineren berufsspezifischen oder lokalen Jobsites. Zum Beispiel konzentriert sich
  „JobStar" auf die Regionen San Francisco und Los Angeles,
  „Medizilla" auf den Medizin- und Pharmabereich, „EcecuNet"
  auf die Zielgruppe der Manager und Executives. Die Auflistung
  unserer Jobsite-Favoriten im Kapitel 5 wird Ihnen in diesem
  Zusammenhang weiterhelfen.

- Sie können Ihren Lebenslauf natürlich auch direkt an ein Unternehmen auf eine bestimmte Stellenausschreibung schicken,
  die Sie auf seiner Website gefunden haben. Oder Sie senden eine
  Initativbewerbung. Wichtig ist, dass Sie zuvor den richtigen
  Ansprechpartner herausfinden, damit Ihr Resume gleich auf
  seinem Schreibtisch bzw. Computer landet.

Indem Sie Ihren Lebenslauf oder ein Kurzprofil ins Internet stellen bzw.
ein Online-Formular ausfüllen, steht Ihre Bewerbung dem Arbeitsmarkt
an sieben Tagen in der Woche rund um die Uhr zur Verfügung. Die Unternehmen sind fortwährend auf der Suche nach Topkandidaten. Ein
Lebenslauf im Internet sollte also zur Marketingstrategie Ihrer Bewerbung gehören. Schicken Sie Ihren Lebenslauf aber nicht wahllos an zig
Datenbanken. Das wirkt wie eine Massensendung und erzielt meist kein
zufriedenstellendes Resultat. Es kommt darauf an, dass Sie diejenigen
Datenbanken auswählen, in die möglichst die Arbeitgeber reinsehen, bei
denen Sie tätig werden möchten.

Abschnitte eines elektronischen Lebenslaufs

Ein elektronischer Lebenslauf ist folgendermaßen gegliedert:

- Adresse
  Ganz oben nennen. Wichtig ist die Vollständigkeit Ihrer Daten
  (E-Mail-Adresse, Telefon- und Faxnummer und Anschrift und,
  falls Sie eine überzeugende Webseite haben, Ihre URL).

- Subject Line
  Es wird empfohlen, oben auf dem Lebenslauf eine aussagekräf-
  tige prägnante Titelzeile, sozusagen als „Banner Headline", zu
  formulieren, die den Arbeitgeber sofort erkennen lässt, welchen
  Nutzen Ihre Einstellung ihm brächte. Beispielsweise:

- Senior Mechanical Product Design Engineer (CAD). Ten Years Experience,
- Marketing Mgr/8 Yrs Exp/Foods/NY,
- Sales Manager, five years of sales and marketing experience will add value to operations.

Das bedeutet: Die Bezeichnung der aktuellen Position oder der konkreten Stelle, die Sie anstreben, beziehungsweise ein Kurzabriss Ihres beruflichen Know-hows, gehören hier hin. Kein Arbeitgeber hat Zeit, Ihren Lebenslauf von A bis Z durchzulesen, um festzustellen, ob Sie qualifiziert sind. Die Subject Line muss ihm Ihre Pluspunkte in den ersten fünf bis zehn Sekunden vermitteln.

- Keyword Summary
  Einige Bewerbungs- und Berufsberater empfehlen neuerdings, statt eines Berufsziels eine Zusammenfassung Ihrer für das Unternehmen interessantesten Skills gleich an den Anfang des elektronischen Resumes in Form einer Keyword Summary zu stellen. Diese Zusammenfassungen sind den unten zitierten „Profiles" ähnlich: Sie beschreiben in ca. zwanzig bis dreißig prägnanten Wörtern Ihren Background, Ihre fachlichen Kenntnisse und persönlichen Fähigkeiten (Soft Skills). Für diese Aufzählung sollten Sie Substantive verwenden. Im Falle einer Bewerbung um eine Sekretariatsstelle könnte das folgendermaßen aussehen:

  - „Secretary, administrative support, document preparation, special projects, time management, travel and meeting planning, customer service, organizational skills, telephone skills, team-player, word processing, Office 2001, 80 WPM, Excel."

- Career Profile/Profile
  Häufig beginnen amerikanische Lebensläufe mit einem „Profile", auch „Executive Profile" oder „Career Profile" genannt. Es folgt auf die Adresse und beantwortet die relevanten Fragen des Arbeitgebers:
  - Who are you?
  - What can you do?
  - What can you bring to our organization?

Mit Substantiven und kurzen Sätzen geben Sie einen Überblick über die wichtigsten Aspekte Ihrer Berufserfahrung, Ihre relevanten Kompetenzen und Ihre beruflichen Leistungen (Accomplishments). Die einzelnen Keywords werden durch Punkte getrennt.

Der erste Buchstabe wird dabei jeweils groß geschrieben. Sie können allerdings auch kurze Sätze („Noun Phrases") verwenden:

- „Human resources management. Five years experience in health care. Staffing."

Vergessen Sie nicht: Ihr elektronischer Lebenslauf hat das Ziel, Ihr Stärkenprofil überzeugend zu präsentieren. Ob Sie schließlich eine Einladung zum Vorstellungsgespräch erhalten, hängt im Wesentlichen von der Aussagekraft Ihrer Schlüsselwörter ab.

- Experience
  Finden Sie über die Stellenanzeige, die Homepage des Unternehmens, über Firmenbroschüren etc. heraus, wen der potenzielle Arbeitgeber konkret sucht und richten Sie auch diesen Abschnitt Ihres Lebenslaufs danach aus. Denn nur wenn Ihre Pluspunkte dem Anforderungsprofil der Firma entsprechen, haben Sie die Chance, zu einem Vorstellungsgespräch eingeladen zu werden. Zu den einzelnen Stationen Ihrer beruflichen Laufbahn nennen Sie:

  - Job Titles,
  - Dates,
  - Name of Organization,
  - Places of Employment (nur den Ort, nicht die genaue Adresse),
  - Work Responsibilities und Accomplishments.

Sie sollten unter „Accomplishments" beschreiben, wie Sie schon früher Ihre Kompetenzen erfolgreich in konkreten Berufssituationen eingesetzt haben und dies, wo irgend möglich, mit Zahlen belegen (vgl. Kapitel 8.2). Sie beweisen damit, welches Potenzial in Ihnen steckt und stellen sich als engagierten, hoch motivierten Mitarbeiter dar. Beispiele dafür sind:

- Developed a new technique that increased production by 15%.
- Increased sales by 15% in 1996.
- Managed 50 person sales staff.

Die Beschreibungen Ihrer Tätigkeiten unter „Experience" spielen in einem elektronischen Lebenslauf eine bedeutende Rolle. Bei der Suche nach Keywords, die für die von Ihnen angestrebte Position relevant sein könnten, hilft das Internet weiter. Sehen Sie sich Stellenanzeigen auf Jobsites und Unternehmens-Homepages an und wählen Sie die Keywords aus, die den Aufgaben der neuen Position am ehesten entsprechen. Eine interessante Adresse ist:

- Bureau of Labor Statistics
  http://stats.bls.gov/oco/home.htm

  Geben Sie hier z. B. unter Keyword Search den Begriff „Computer Programmer" ein, so finden Sie Tätigkeitsbeschreibungen inklusive prägnanter Schlüsselwörter.

- Education
  Auch die Angaben zu Ihrer Ausbildung sind für den potenziellen Arbeitgeber aufschlussreich. Sie betreffen verschiedene Ebenen:

  - Schul- und Hochschulabschlüsse,
  - Abschlüsse aus Weiterbildungsmaßnahmen,
  - Honors etc.

  Die Abschlüsse werden übrigens in elektronischen Lebensläufen zum Teil genauer beschrieben als im Papierlebenslauf, damit möglichst viele Keywords von den Personalverantwortlichen respektive Scannern erkannt werden. Zu diesen gehören zum Beispiel:

  - Ph.D. in Literature,
  - Associate of Arts,
  - MBA,
  - Bachelor of Science.

  Es wird allgemein empfohlen, deutsche Abschlüsse zu umschreiben, wenn es keine genauen amerikanischen Entsprechungen gibt. Ein Beispiel:

  - Degree equivalent to U.S. Master's Degree in Economics.

  Diese Informationen sollten durch die Angaben, wann und wo Sie Ihre Abschlüsse erworben haben, ergänzt werden. Einige Beispiele:

  - Bachelor of Science   NY University, 1999
                                   Major: Industrial Engineering

  - Total Quality Management   Trinity College, Eastbourne,
                                   2001

  - Conversational French   Howard College, Montreal,
                                   2004

  - Software Engineering Course   SAI Institute, London, 1999

- Special Skills
  Einige Datenbanken sehen eine Rubrik vor, in der Sie Ihre Zusatz-
  qualifikationen erwähnen können. Dazu gehören neben Sprachkenntnissen vor allem Computer Skills. Arbeitgeber erwarten heutzutage Computerkenntnisse, egal, in welchem Berufsfeld Sie tätig
  sind. Sie können Ihre Angaben dazu folgendermaßen gliedern:

    - Operation Systems Used: Windows NT, Digital Unix, DOS.
    - Hardware Used: Digital Alpha, IBM Mainframes, MAC.
    - Software and Databases Used: Microsoft Office: Word, Excel,
      Visual Studio (Visual C++), Lotus 1-2-3 (Spread Sheet).
    - Programming Languages: Fortran, Basic, HTML.

- Affiliations
  Unter „Affiliations" erwähnen Sie Mitgliedschaften in Berufsverbänden, aber auch solche, die nicht unmittelbar in beruflichen,
  sondern in anderen Zusammenhängen zum Job stehen, beispielsweise ein Engagement in einem Verein. Auch damit belegen Sie,
  dass Sie motiviert sind.

    - Chemical Society, admitted as Member: 1993.
    - American Society of Mechanical Engineers, 1994 to present.
    - Hamburg Rowing Club, active member from 1995 to 2003.

Hinweis!

*Hieß es früher, dass ein Lebenslauf nicht länger als eine Seite sein
soll, so wird es heute akzeptiert, dass elektronische Resumes weit
mehr Seiten umfassen. Hochkarätige Bewerber, etwa mit 10-jähri-
ger Berufserfahrung, sollten sich ruhig mehr Platz für die Angaben
zu ihren Berufserfahrungen nehmen.*

Layout eines elektronischen Lebenslaufs

Um sicherzustellen, dass Ihr (gemailter) elektronischer Lebenslauf von
den potenziellen Arbeitgebern in den USA gelesen werden kann, sollten
Sie folgende Spielregeln beachten:

- Schrift

    - Die Lesbarkeit hat höchste Priorität. Deshalb wird die Schrift
      so ausgewählt, dass die Buchstaben voneinander sauber getrennt
      sind (z. B. können Sie Helvetica, Verdana oder Arial verwenden).

Wählen Sie Schriftgrad 11 bis 14 Punkt.
- Ihren Namen sollten Sie immer in der größten der von Ihnen gewählten Schrift schreiben.
- Verwenden Sie für Aufzählungen Bullets, d. h. gefüllte Punkte, damit sie nicht mit einem „o" zu verwechseln sind.
- Benutzen Sie keine vertikalen Linien.
- Vermeiden Sie Tabulatoren und Texthervorhebungen.
- Schreiben Sie „%" und „&" aus, da diese Zeichen in gescannten Lebensläufen nicht zu lesen sind.
- Ersetzen Sie Umlaute (ä, ö, ü) durch ae, oe und ue und „ß" durch doppel s, da diese Buchstaben in englischsprachig konfigurierten Computern unsinnige Zeichen ergeben.

• Überschriften der einzelnen Abschnitte
Die Überschriften werden links gesetzt und in Versalien geschrieben:

- KEYWORD SUMMARY,
- EXPERIENCE,
- EDUCATION,
- PROFESSIONAL AFFILIATIONS.

• Platz
Lassen Sie viel Platz zwischen den einzelnen Abschnitten sowie am Rand, dann liest sich der Lebenslauf leichter, wenn er eingescannt bzw. gemailt ist.

• Seitenanzahl
Die Regel, nie mehr als ein bis zwei Seiten zu schicken, trifft auf elektronische Lebensläufe nicht zu. Mittlerweile kommen auch umfangreichere Resumes gut an, so z. B. wenn sich Führungskräfte oder Mitarbeiter aus der Computerbranche bewerben, die alle ein bis zwei Jahre die Stellen wechseln und schon viele verschiedene Aufgaben erfüllt haben. Achten Sie allerdings darauf, dass die wichtigsten Informationen auf der ersten Bildschirmseite stehen. Der Leser soll nicht mit der Lupe danach suchen müssen!

• Absender
Ihr Name erscheint auf der ersten Seite oben und wird auf den nachfolgenden Seiten jeweils wiederholt.

- Subject Line

    Denken Sie auch an die sinnvolle „Subject Line". Schreiben Sie aber nie „Resume" oben auf die Seite, sondern etwa:

    – „Technical Engineer – 5 Yrs. Exp."

    Nennen Sie Ihren Jobtitel und Ihre Berufserfahrung in Kurzform. Diese Zeile ist das erste, was der potenzielle Arbeitgeber in der Datei liest: Es muss informativ und attraktiv sein. Beachten Sie auch in diesem Zusammenhang unbedingt die Instruktionen der Datenbank.

Scannable Resume

Wenn Sie Ihren Lebenslauf an ein Unternehmen schicken, kann es sein, dass er dort nicht nur von einem Mitarbeiter gelesen, sondern in eine Datenbank eingescannt wird. Mindestens die Hälfte aller amerikanischen Unternehmen nutzt inzwischen Scanningmöglichkeiten zur Erweiterung ihrer Resumedatenbanken. Diese Technik hat das Design des Lebenslaufs wesentlich verändert: Ihr Resume muss heutzutage so gestaltet sein, dass er trotz Qualitätseinbußen auch nach dem Scannen lesbar ist. Er darf also im Gegensatz zum Papierlebenslauf und dessen grafischen Extras keinerlei Sonderzeichen und keinen Kursiv- oder Fettdruck aufweisen, weil diese das Lesen des gescannten Textes erschweren würden. Priorität hat demnach nicht das Layout, sondern die Keywords (Schlüsselwörter) sind die entscheidenden Kriterien im elektronischen Lebenslauf. Sie sollten die folgenden Hinweise unbedingt berücksichtigen, wenn es um die „scannable" Version Ihres Lebenslaufs geht:

- Schreiben Sie nicht zweispaltig, das könnte nach dem Scannen die Lesbarkeit erschweren.
- Vermeiden Sie auch die so genannten Bullets (gefüllte Punkte) sowie vertikale und horizontale Linien.
- Wählen Sie geeignete Schriften aus: Arial, Verdana, Helvetica bieten sich an. Die Größe sollte zwischen 11 und 14 Punkt liegen.
- Drucken Sie den Lebenslauf auf weißem Papier aus.
- Das Papier darf nicht zu schwer sein, sonst wird es zu schwierig, etwas einzuscannen.
- Benutzen Sie einen hochwertigen (Laser-)Drucker.
- Das Papier sollten Sie nicht falten und Seiten nicht zusammenheften.

- Oben auf dem Lebenslauf stehen nur der Name, die Adresse und Telefonnummer – jeweils in einer gesonderten Zeile. Dies wiederum wegen des Scannens.
- Schicken Sie den Lebenslauf nicht per Fax – es sei denn, der Arbeitgeber wünscht dies ausdrücklich. Die Unternehmen haben oft Probleme mit dem Scannen gefaxter Seiten, häufig müssen Lebensläufe sogar abgeschrieben werden, um sie einscannen zu können, was sehr lästig ist.
- Und, besonders wichtig: Stellen Sie Ihrem Lebenslauf eine Zusammenfassung Ihrer Qualifikationen voran, in der möglichst viele Keywords enthalten sind (Keyword Summary, Qualifications Summary, Profile).

Website Resume

Ihr elektronischer Lebenslauf, sozusagen als persönliche Homepage, entspricht dem neuen Trend und kann sich als Pluspunkt für Sie erweisen, – besonders wenn Sie sich in den Sparten Design und EDV bewerben. Web Resumes sind allerdings nicht so verbreitet wie E-Mailable und Scannable Resumes. Eigene Websites können Sie mit Grafiken, Videoclips und Tonsequenzen – z. B. von Arbeitsproben – bereichern. Die so genannten Portfolios werden immer beliebter und sind nicht mehr nur in den Bereichen EDV und Grafik zu finden. Sie umfassen im Allgemeinen ca. vier Seiten, können aber auch bis zu zehn Seiten haben. Website Resumes haben den Vorteil, dass die Bewerber auch Beispiele ihrer Arbeit zeigen können:

- Unterrichtseinheiten von Lehrern,
- Dokumentationen von Ausstellungen,
- Projekte von Ingenieuren,
- Artikel von Journalisten,
- Fotos und Bilder von Künstlern.

Weitere Tipps und Muster finden Sie natürlich im Internet. Rebecca Smith gibt auf ihrer Site professionelle Tipps und präsentiert Muster von überzeugenden HTML-Lebensläufen. Sie können sich diese im „Tutorial" ansehen.

- Resume Gallery
  www.eresumes.com

8.5   Checkliste zum Lebenslauf

Beachten Sie folgende Kriterien:

- Steht der Name mit der vollständigen Adresse oben auf dem Bogen mit Telefonnummer und Vorwahl?
- Ist das Job Objective kurz und präzise genug genannt (durchschnittlich nicht mehr als zwölf Wörter)?
- Passt die Zusammenfassung der Skills (Skills Summary) zum Job?
- Ist der Stil nicht zu langweilig? Klingt er business-like?
- Sind nur die relevantesten Qualifikationen und Erfahrungen genannt?
- Sind die aktuelleren Stellen genauer beschrieben als die länger zurückliegenden?
- Sind Teilzeitstellen zusammengefasst?
- Ist der Lebenslauf kurz genug?
- Werden auf Seite zwei noch mal der Name und die Adresse wiederholt? Steht auf der ersten Seite unten „continued"?
- Haben Sie auf Personalpronomen (z. B. „I") am Anfang des Satzes verzichtet?
- Sind die Sätze schön kurz (maximal zwölf Wörter)?
- Haben Sie viele Punktaufzählungen mit kurzen Begriffen benutzt?
- Haben Sie Aktionsverben verwendet?
- Haben Sie Abkürzungen vermieden bzw. erläutert?
- Ist Ihr Lebenslauf gut gegliedert, d. h. gut zu lesen?
- Ist der Rand breit genug?
- Ist die Schrift deutlich und lesefreundlich (z. B. Times 11 bis 14 Punkt)?
- Sind die Schrifttypen nicht gemischt?
- Haben Sie Blocksatz vermieden?
- Beträgt der Abstand vor einem neuen Abschnitt zwei Zeilen?
- Umfassen die einzelnen Abschnitte maximal je vier bis fünf Zeilen?
- Haben Sie ihn von einem Muttersprachler Korrektur lesen lassen?

- Haben Sie auf die Großschreibung geachtet? (Mit großem Anfangsbuchstaben schreiben sich: Namen der Firmen, Städte, Stellenbezeichnungen, Abteilungen, Abkürzungen für Abschlüsse)

8.6 Musterlebensläufe

Tipps für die Erstellung von Lebensläufen und Musterbeispiele finden Sie natürlich auch im Internet. Hier zwei relevante Adressen:

- JobStar
www.jobstar.org/tools/resume/index.cfm

    „What is the Right Resume for Me?" informiert über die unterschiedlichen Versionen von Lebensläufen:

    - Chronological Resume,
    - Functional Resume,
    - Curriculum Vitae,
    - Electronic Resume.

    Das Motto ist: „One size does not fit it all. Choose the resume style that suits your job history and target position."

- Monster
www.monster.com

    Im „Career Center" haben die Experten ausgezeichnete Materialien zusammengestellt. Hinweise zu Layout und Inhalt eines Lebenslaufs finden Sie unter „Features". Dazu gehören Beiträge wie:

    - Resume Samples,
    - Do's and Don'ts,
    - Resume Dilemmas.

 Hinweis!

Die folgenden Musterlebensläufe sollen Ihnen einen Eindruck davon vermitteln, wie maßgeschneiderte amerikanische Resumes aussehen. Nutzen Sie diese als Anhaltspunkte für die Präsentation Ihres persönlichen Profils und die Formulierung Ihrer individuellen Bewerbung. Bitte beachten Sie, dass wir aus drucktechnischen Gründen die Texte etwas enger gesetzt haben.

SASSAN SAFAY
69 Tiemann Place, Apt. 20
New York, NY 10027
Tel: (212) 749 - 7654
s.safay@hotmail.com

EXPERIENCE

Ferrostaal Incorporated, New York, NY   3/99 - Present
International Steel Trader
- Responsible for international sourcing steel products
- Handling the marketing and sales of imported steel products in the United States
- Achieved average sales volume of $10,000,000 per year
- Export of United States steel products to Latin American and European countries
- Coordination of administrative stages of importing/exporting such as: shipping, financing and contract negotiation

German American Chamber of Commerce, Inc., Houston, TX 6/98 - 9/98
International Marketing Consultant
- Conducted market research for the introduction of German consumer products into the United States
- Consulted companies in the United States interested in conducting business with Germany

Department of Management, Indiana, PA   1/97 - 5/98
Small Business Consultant
- Designed an advertisement and promotion plan for the company
- Defined a new market and located new customers which resulted in increased sales

Thyssen Handelsunion AG, Düsseldorf, Germany   4/96 - 7/96
Trainee - Export Division
- Assisted in generating international bids
- Represented the company in international trade fairs

continued

SASSAN SAFAY
69 Tiemann Place, Apt. 20
New York, NY 10027
Tel: (212) 749 - 7654
s.safay@hotmail.com

Santex GmbH, Aachen, Germany   **8/93 - 7/94**
Project Development Manager
- Conducted demographic market analysis to establish new retail subsidiaries throughout Germany
- Negotiated with municipal officers, bankers, brokers, and owners for commercial real estate rentals
- Assisted in the acquisition of new businesses for firm's expansion

EDUCATION
Indiana University of Pennsylvania, Indiana, PA   **Dec. 1998**
M.B.A.,
Concentration: International Marketing and International Management

University of Duisburg, Duisburg Germany   **Aug. 1996**
B.A.,
Major: International Studies, Minor: Marketing

SKILLS
- Fluent: German, English, and Farsi
- Rudimentary: French, Spanish, and Turkish
- PC proficient

REFERENCES AVAILABLE UPON REQUEST

BEATE WENDT
Ebereschenweg 123
58540 Meinerzhagen, Germany
Tel: 01149-02354 158540
Fax: 01149-02354 158541
beatewendt@t-online.de

OBJECTIVE	An internship related to mechanical engineering and/or international operations
EDUCATION	2000-Present: University of Bochum, Germany Diplom (= M.Sc.) expected in October 2006 Mechanical Engineering

COURSEWORK

Engineering Graphics	Chemistry
Thermodynamics	Physics
Fluid Mechanics	Economics
Circuit Analysis	English
Structural Statistics	Technical English
Mechanics and Materials	American Culture
Risk Management	Computer Programming

ACCOMPLISHMENTS

• Team project member of University of Bochum project "Thermal Transport during Coal Rapid Pyrolysis", responsible for gas temperature measurements

• Established student organization to promote international volunteer work

CAPABILITIES

Fluent in English and French, rudimentary Japanese

Operate/program computers and CAD systems

Experience in international cross-cultural relations

WORK EXPERIENCE

Summer 2001	Au-Pair, Worcester, England
Summer 2002	Market Researcher, Esdar, Bonn, Germany
Summer 2004	Trainee, Harms Kühltechnik, Kiel, Germany (refrigeration systems) Duties included: customer correspondence, customer service, special projects

CARRIE ALEXANDRA NYC

123, Morris Avenue, Falmington, New York, 112 (516) 736-1234
carral@yahoo.com

Objective

To obtain an internship with an international corporation that will offer me an opportunity to develop my own management and interpersonal skills.

Education

State University of New York College at Genesceo, Geneseo, New York
Bachelor of Arts in Business Management to be awarded May 2003
Cumulative GPA 3.4

Schiller International University, Heidelberg, Germany
Spring 1999 Study Abroad Program

Work Experience

Winter 1998 **Gentile Commodities**, World Trade Center, New York, NY
Spring 1997 Intern position as clerk on the floor of the commodities exchange. Duties included receiving and issuing sugar, coffee and cocoa options orders, providing support for clerical staff and interfacing with customers.

Winter 1997 **ILT Systems, Inc.,** Two Penn Plaza, New York, NY
Special projects for Roslyn Savings Bank MIS department. Responsibilities included: administering imaging software program, creating computer files, preparing reports and assisting in the closing out of the student loans department.

Summers **Recreation Department**, Brookhaven, Patchogue, NY
1996-1998 Beach Lifeguard. Responsible for public safety at town beaches and pools. Duties included supervising beach activities and administering first aid as required.

Certification

Red Cross Lifeguard

Activities

Alpha Delta Epsilon social sorority
Finance Club

References

Available upon request

Thomas D. Dyer

133 Center Street/ Hauppauge, New York 11799/ Phone (516)724-3494
thdyer@nycnet.com

Career Profile

Comprehensive experience and education in business administration and marketing:
has provided me with highly effective skills in evaluating, organizing, and communicating. These qualities can be readily applied to a variety of areas.
Strong interpersonal competence, computer proficiency:
the ability to effectively plan and coordinate diversified business functions for optimum effectiveness, highlights my career qualifications.

Employment

> **MANAGER:**
POCO LOCO-Restaurant - Düsseldorf, Germany ('04-'05)

> **PARTNER/MANAGER:**
KESSELHAUS Restaurant - Düsseldorf, Germany ('02-'03)

> **ASSISTANT MANAGER:**
TEPITO Mexican Bar - Düsseldorf, Germany ('01-'02)

> **HEAD WAITER:**
DUE TORRI/ Restaurant - Hauppage, NY ('99-'00)

> **MARKET RESEARCHER:**
ASKO/ Holding Company - Bonn, Germany ('98-'99)

Highlights

- Effectively managed all day-to-day, million dollar+ business operations and customer service/ sales activities, with direct P&L control, in a highly competitive market ...

- Hired, trained, scheduled, supervised, and motivated employees, - oversaw up to 45 staff and management personnel ...

- Created and initiated innovative and effective adaptations to new and existing business situations which have served as "blueprints" for continued business development to customer service, quality control, promotional strategies ...

continued

Thomas D. Dyer

- Accurately controlled financial and inventory transactions and processing - budget, payroll, cash/credit, supply ordering - closely controlled expenses - utilized computers for data maintenance ...
- Kept pace with market trends and conditions for optimum sales effectiveness ...
- Stimulated excellent customer relations to generate better business ...
- Quickly identified, defined, and solved problems ...
- Worked effectively on an independent basis and as part of a team under fast-paced, high-pressure conditions ...
- Consistently ensured the most productive, cost- efficient, and highest quality solutions to business needs - met specifications and deadlines ...-

Education   > BACHELOR of SCIENCE in MARKETING
University of Colorado - Boulder, CO, 1997

> ASSOCIATE of SCIENCE in BUSINESS ADMINISTRATION
Suffolk Community College - Selden, CO, 2000

Computer Skills > PC'S WITH MS-DOS, Excel, Windows/Windows 95, and Word; SPSS; Internet

**Foreign
Languages**   > Fluent skills in German and French

Emily Hollobrook

123 West 110th Place • Aurora, Colorado 80901 • (303) 555-1234 • eho@mci.com

PROFILE

- Self-motivated account manager with more than ten years of proven experience.
- Top performer with a strong background in building territories, using creative marketing approaches, and increasing profitability.
- Respected for the ability to create client loyalty beyond the sales relationship.
- Knowledge of Windows, MS Word, Excel, PowerPoint, Lotus1-2-3, Internet.

EXPERIENCE

ACCOUNT MANAGER (2000 – present)
Learning Systems, LLC, Aurora, Colorado

- Quickly promoted to Account Manager within five months.
- Built rapport with large corporate customers nationwide, including Dell, AT&T, Verison, etc.
- Participated in trade shows, qualified buyers, and performed online demonstrations.

ACCOUNT REPRESENTATIVE (1999-2000)
John Wiley & Sons, Inc., Colorado Springs, Colorado

- Prospected for new clients, and tailored sales presentations to achieve an unprecedented 98 percent close ratio.
- Provided after-sales service, training and technical support.
- Succeeded in winning major national accounts, including U.S. Air Force.

Emily Hollobrook   **Page 2**

EXPERIENCE
(continued)

- Achieved number one in sales nationwide, consistently exceeding monthly quotas by 140 percent.
  Created and implemented an effective contact and sales tracking system

SENIOR NEW ACCOUNTS REPRESENTATIVE
(1994-1997)
California Casualty, Glendale, California

- Developed markets for property and casualty insurance among professional associations, unions, and other groups that included police, firefighters, and educators.
- Generated more than 3,000 new accounts, producing an average of $300,000 in premiums per year.
- Earned numerous bonuses and incentive trips, and helped the sales team to achieve number one in the country.

EDUCATION

BACHELOR OF BUSINESS ADMINISTRATION
(1991)
University of Colorado, Colorado Springs, Colorado

- Dual major in Marketing and Mass Communications

ALEXANDER LADWIG
Bitburgerstrasse 14
50674 Cologne
Germany
Telephone; 49 221 123456
Fax: 49 221 12345677
E-mail: ALadwig@uni-koeln.de

OBJECTIVE
+++
A challenging marketing management position with a fast-paced IT
company, working closely with senior management.

PROFILE
+++
Creative marketing professional with extensive international experience
and a strong technology background. Committed to maintaining strong
customer relationships. Skilled at taking analytical approach to problem
solving. Highly motivated team player who helps others to develop their
ideas. Positive and friendly attitude; exceptional communication skills.
Cross-culturally sensitive; fluent in German, English and French;
knowledge of Spanish. Traveled throughout Europe, Southeast Asia,
United States, Central America, and Africa.

EDUCATION
+++
DOCTORAL DEGREE IN MARKETING (first quarter of 2000)
University of Cologne, Germany
Thesis accepted: "Meeting Buyer and Seller Information Needs by
Means of Internet-Based Relationship Management"

MASTER'S DEGREE (1998)
Community of European Management Schools (CEMS)

BACHELOR OF BUSINESS ADMINISTRATION (1997)
University of Cologne, Germany
Completed a five-year program in Business Administration,
majoring in Marketing, Organizational Strategy, and Economic
Psychology (Diplom-Kaufmann honors degree). Published working
paper "Mass Customization of Services"

RELEVANT EXPERIENCE

++

FREELANCE PROJECT MANAGER (1996 to 1997)

PiroNet Gesellschaft fuer multimediale Kommunikationssysteme mbH, Cologne, Germany

Successfully led the development of concepts for corporate Web sites. Met with clients to determine preferences for site appearance, purpose, and content. Coordinated the work of designers and programmers. Programmed basic HTML code. Calculated budgets and monitored timely completion of projects.

WORKSHOP MODERATOR (1996 and 1998)

Kreativa, Cologne, Germany

Voluntarily participated in the organization of the 1995 and 1997 International Business Conferences in Cologne. Moderated workshops in German and English.

BUSINESS ANALYST INTERN (Summer 1996)

IBM Eurocoordination Headquarters, Paris, France

Analyzed business proposals to the New Markets Investments Brauch of IBM. Researched the market for video games and 3-D hardware in preparation for strategic investment decisions. Reported result to upper management and briefed them on the Internet. Helped a renowned graphics artist to develop a business plan for the marketing of his design tools based on genetic algorithms.

PROMOTION TEAM LEADER (1994 to 1996)

ADP Promotions, Duesseldorf, Germany

Led teams in the development of promotional campaigns for companies such as Philip Morris, Pizza Hut, Dunhill, and Hugo Boss. Promoted their products to targeted groups. Managed equipment, sample stock, and team schedules. Reported results directly to the project managers.

Susan Livingston

1234 Briarcliff Road
Colorado Springs, CO 80918
Telephone: (719) 555-6789

PROFILE

- Experienced administrative assistant and legal secretary.
- Background in human resources, claims handling, and insurance areas.
- Self-starter with strong organization and communication skills.
- Personable, friendly, and loyal team player who is able to relate well to clients.
- Skilled IBM PCs, WordPerfect, and Microsoft Word.
- Notary public in the state of Colorado.

EXPERIENCE

LEGAL ADMINISTRATIVE ASSISTANT (2000 - Present)
Gerlach & Weddell, P.C., Colorado Springs, Colorado
Administrative assistant for a law firm specializing in worker's compensation, personal injury, and social security claims.

- Prepare legal documents and correspondence, including briefs, summons, complaints, motions, and subpoenas.
- File claims with the Division of Labor and insurance companies.
- Prepare court exhibits, maintain law libraries, order office supplies.
- Prepare and execute settlement distributions.
- Work closely with clientsto ensure satisfaction with services.
- Schedule hearings, depositions, attorney conferences, and client visits.
- Write and place advertisements for part-time help, interview prospective employees, and train secretarial staff.
- Process employment applications and assist in other employment activities.
- Examine employee files to answer inquiries of authorized persons.
- Transcribe dictation, process mail, answer telephone, and greet clients.

Susan Livingston   **Page 2**

LEGAL SECRETARY (1996 - 2000)
Gradisar & Trechter, Pueblo, Colorado
Assistant to Charles Trechter, attorney who practiced general and domestic law.
- Prepared legal documents and correspondence from dictation.
- Ensured that pleading deadlines were met and documents were filed in a timely manner.
- Provided administrative assistance, greeted clients, and answered telelphones.
- Performed client intake interviews.

RECEPTIONIST (1992 - 1995)
J.C. Penney Company, Burnsville, Minesota
- Greeted prospective employees in the personnel office and answered phones.
- Tallied time cards and maintained records.
- Compiled sales reports and typed documents.

SECRETARY/SALES REPRESENTATIVE (1991)
L.B. Forster Company, Burnsville, Minesota
- Assisted with start-up of a new branch office.
- Recruited, interviewed and hired a secretary.

EDUCATION   **OHIO STATE UNIVERSITY**, Columbus, Ohio
- Two years of study with a concentration in mathematics.
- Earned approximately 45 credits toward a business degree.

PIKES PEAK COMMUNITY COLLEGE
Colorado Springs, Colorado
- Legal research course.

KARL HANSEN
Steinweg 111, 44999 Bochum
Germany
Home: 001149-234-511122 Work: 001149-234-212344
E-mail: KaHansen@aol.com

Keyword Summary	Experienced professional with skills in corporate communications, customer relations management. 8 Years. Radio. Television. Trade and business publications. Design. Computer. Desktop Publishing. Internet. Master of Science in Communications. Highly motivated. Strong work ethic.
Professional Summary	❑ 8 years experience in communications field. ❑ Television and radio broadcasting. ❑ Public relations and project management. ❑ High proficiency level in many software programs. ❑ Excellent interpersonal skills.
Objective	To obtain a dynamic position in public relations or corporate communications.
Education	**Magister (M.Sc.)** Television-Radio Communications, University of Frankfurt, May 1996. Major: Communications, Minor: Sociology.
Employment Experience	**Public Relations Manager** **2000 - Present** Monz Ingenieurtechnik, Frankfurt,Germany. Responsible for the design of press releases, advertising campaigns and other promotional material to assist sales and build community relations. Designed promotion that increased annual net profit by 10%. **Marketing Information Representative** **1997 - 2000** Krueger Sport, Essen, Germany. Supervised the design and production of audio-visual presentations. Coordinated conferences, exhibits and special events.

9 Das Vorstellungsgespräch

9.1 Gesprächstypen

Es gibt Einzel- und Gruppeninterviews. Die meisten Vorstellungsgespräche dauern eine halbe bis eine Stunde. Es gibt aber auch Interviews, die über einen ganzen Tag gehen: Dann ist meistens ein Gespräch mit dem Personalchef vorgesehen, ein Treffen mit dem Abteilungsleiter, Mittagessen und Gespräche mit einigen Mitarbeitern. Rufen Sie vorher in dem Unternehmen an und fragen Sie, wie lange das Vorstellungsgespräch dauern wird und welche Position die Mitarbeiter haben, die Sie interviewen werden. Bei Gruppeninterviews (Interviewing by Committee) ist häufig jemand von der Personalabteilung, der Leiter einer Betriebsabteilung oder der Geschäftsführer, dabei. Sie sollten vorher fragen, wen Sie treffen werden.

Achten Sie darauf, auf alle Gesprächspartner einzugehen. Bereiten Sie sich gut vor, vor allem auf die Frage, warum Sie glauben, der beste Kandidat für den Job zu sein. Sie sollten in der Lage sein, alle Fragen vollständig und ohne Umschweife zu beantworten: Etwa zwei bis drei Minuten pro Antwort haben Sie Zeit. Hier zahlt es sich aus, wenn Sie sich gut vorbereitet, d. h. sich Zeit für Ihre Selbstanalyse und die Recherchen zur Firma genommen haben.

Manche Unternehmen führen auch Telefoninterviews durch. Sie dienen im Allgemeinen dem Zweck, Kandidaten frühzeitig auszusieben. Sie sollten auf jeden Fall versuchen, vorher einen Termin zu vereinbaren, damit Sie sich rechtzeitig den Lebenslauf und eine Reihe intelligenter Fragen neben das Telefon legen können. Es ist wichtig, dass Sie sich während des Telefongesprächs kurz fassen, dabei aber selbstbewusst klingen und Begeisterung zeigen.

Durch Screening Interviews, die von Mitarbeitern der Personalabteilung durchgeführt werden, sondieren manche Unternehmen in der ersten Runde Qualifikationen und Gehaltsvorstellungen der Bewerber und bestimmen, wer in die nächste Runde gelangt. In Selection Interviews werden detailliertere Fragen gestellt, dort treffen Sie auf den Abteilungsleiter und andere Kollegen. Bei so genannten Stress Interviews stellt man Ihnen zahlreiche Fragen, und zwar in sehr schneller Folge, sodass nicht viel Zeit zum Überlegen bleibt. Es kommt in dieser Situation darauf an, sich nicht aus der Ruhe bringen zu lassen, auch wenn Ihre Gesprächspartner hektisch oder gar unfreundlich werden. Auch Computer Interviews (Computerized Assessment Tests) sind mittlerweile üblich:

Am Bildschirm lesen Sie Fragen und geben Ihre Antworten online ein. Fragen zur Person, Ausbildung, Berufserfahrung und zu Ihren Fähigkeiten werden üblicherweise per Multiple-Choice-System gestellt. Die Vorteile für die Unternehmen sind: höhere Zeitersparnis, und dadurch, dass alle Bewerber dieselben Fragen zu beantworten haben und keine Frage zufällig vergessen wird, eine bessere Vergleichbarkeit mehrerer Kandidaten.

Zum Teil werden in amerikanischen Bewerbungsverfahren auch Tests eingesetzt, wie:

- Personality Tests: Passt der Bewerber in die Firma und zu dem Bereich?
- Integrity Tests: Ist der Kandidat vertrauenswürdig?
- Skills Tests: Hat der Kandidat spezifische Fähigkeiten wie etwa mathematische Kenntnisse für den Buchhaltungsbereich?

Rufen Sie ruhig vor einem Vorstellungsgespräch in der jeweiligen Firma und fragen Sie, ob diese Tests dort verwendet werden oder nicht, damit Sie sich darauf einstellen können.

9.2   Allgemeine Tipps für Interviews

Vor einem Vorstellungsgespräch sollten Sie folgende Hausaufgaben machen:

- Sie stellen Ihre Fähigkeiten, Interessen und beruflichen Erfolge zusammen.
- Sie informieren sich über den Tätigkeitsbereich und die Unternehmensstruktur, denn im Interview will man sicher wissen, ob Sie zum Job passen und was Sie zu bieten haben (vgl. auch Kapitel 9.3)
- Natürlich müssen Sie überzeugend begründen können, warum Sie überhaupt in Amerika arbeiten möchten – und Sie sollten darstellen können, wie Sie ein Visum beschaffen werden.
- Sie listen interessante Fragen auf, die zeigen, dass Sie sich bereits übergreifende Gedanken zum Unternehmen gemacht haben.

Die drei folgenden Fragen werden in Vorstellungsgesprächen im Vordergrund stehen; auch darauf müssen Sie überzeugend Antwort geben können. Ein bisschen Originalität kann nicht schaden.

- Warum kommen Sie zu uns?
- Was können Sie für uns tun?
- Warum sollten wir gerade Sie nehmen?

Beweisen Sie vor allem Ihre positive Einstellung zum Unternehmen und eine hohe Motivation. Beschreiben Sie genau, inwiefern Sie mit Ihrer Qualifikation für die Firma ein Gewinn wären, wenn möglich entwickeln Sie ein plastisches, konkretes Beispiel. Der Unternehmer hat das Ziel, Gewinn zu machen – nicht mehr und nicht weniger – und hat das Recht zu erfahren, wie Sie dazu beitragen werden. Zeigen Sie, wie Sie sich anhand Ihrer guten Ideen in Ihrer Vergangenheit beruflich bewährt haben – Ihr Potenzial ist auch für die neue Firma interessant. Bringen Sie in Ihren Antworten Zahlen und konkrete Beispiele unter, z. B. zu folgenden Aspekten:

- Identified problems,
- Increased sales,
- Stayed within budget,
- Opened more territories,
- Introduced new systems.
- Reduced inventories,
- Got it done more quickly,
- Met difficult deadlines,
- Organized ...,
- Expanded ...,
- Calculated ...,
- Improved ...

Im Vorstellungsgespräch kommt es auf die Chemie zwischen dem Arbeitgeber und dem Kandidaten an: Haben Sie dieselben Ziele und Ideen? Das gilt es herauszufinden. Sie brauchen nicht nur das technische Wissen und die nötigen Fertigkeiten, sondern auch die richtige Einstellung und dieselben Wertvorstellungen. Loyalität und Engagement für die Unternehmensziele werden von jedem Einzelnen erwartet; denn ein jeder trägt zur Verwirklichung der Firmenziele bei. Betonen Sie auch, dass Sie teamfähig sind. Seit dem Aufkommen der Corporate Identity ist diese Eigenschaft ein ganz wichtiger Aspekt. Häufig weisen mehrere Bewerber gleichgute Qualifikationen auf. In solchen Fällen ist die Persönlichkeit des Einzelnen ausschlaggebend. Zum Erfolg tragen auch Begeisterungsfähigkeit, Verlässlichkeit, Engagement, Entscheidungsfähigkeit, Initiative und Anpassungsfähigkeit bei. „Be a team-player! Be enthusiastic!", so lautet die Devise. Dies sind Maxime, auf die Sie in allen amerikanischen Ratgebern stoßen werden.

In den USA spielt das persönliche Auftreten eine große Rolle. Der erste Eindruck zählt: Freundlichkeit, Selbstbewusstsein, Begeisterungsfähigkeit, Redegewandtheit und nicht zuletzt ein gepflegtes Äußeres (Neatness) zählen dazu. Begrüßen Sie deshalb Ihren Gesprächspartner mit einem festen Händedruck, halten Sie Augenkontakt. Sprechen Sie Ihr Gegenüber stets mit Namen an. In Amerika verwendet man schneller den Vornamen in der Anrede als in Deutschland. Diese Form entspricht trotzdem nicht unserem eher kumpelhaften „Du". Wahren Sie also im Vorstellungsgespräch Distanz und reden Sie Ihr Gegenüber nicht gleich mit dem Vornamen an. Titel werden in den USA häufig weggelassen.

Vergessen Sie nicht, viel zu lächeln: Sie haben mehr Chancen, wenn Sie offen und freundlich wirken und Humor zeigen, eine Easy-going-Haltung ist in jedem Fall angebracht. Sie sollten keine Nervosität zeigen, z. B. Ihre Hand vor dem Mund halten, mit den Fingern auf den Tisch klopfen oder mit der Kette spielen. Doch letztlich gilt: Versuchen Sie, kein Spiel zu spielen, beachten Sie die Tipps, aber bleiben Sie Sie selbst.

Gut zuzuhören ist ausgesprochen wichtig. Erzählen Sie also nicht nur von sich, sondern geben Sie Ihrem Gegenüber Raum. Ihr Anteil am Gespräch sollte etwa bei 40% der Redezeit liegen. Stellen Sie gezielte, gute Fragen. Die machen Sie interessant und heben Sie von anderen Bewerbern ab. Wenn Sie etwas nicht verstanden haben, fragen Sie einfach mit einem freundlichen Lächeln nach, ohne sich zu entschuldigen:

- Do you mean that ...
- I don't understand that. Can you explain?

Stellen Sie viele offene Fragen: How? Why? In what ways?

Die Äußerlichkeiten, auf die Sie in einem Vorstellungsgespräch achten sollten, spielen keine untergeordnete Rolle. Angemessene Kleidung ist in Amerika wichtig: „Careful grooming" sagt man, d. h., Herren tragen einen Anzug – blau oder anthrazit –, stets konservativ im Stil, ein weißes oder hellblaues Hemd, dunkle Schuhe und dunkle Socken. Damen erscheinen im Kostüm oder Kleid in eher konservativen Farben (Low-Key Colours). Der Kleidungsstil ist also korrekt geschäftsmäßig, nicht zu modisch. Hosenanzüge sind nicht angebracht. Und: Tragen Sie nicht zu viel Schmuck. Die Absätze sollten flach, die Fingernägel kurz, farblos oder in blassem Rot lackiert, das Make-up dezent und das Parfüm nicht aufdringlich sein. Damen wird dringend geraten, bei Vorstellungsgesprächen darauf zu achten, dass ihre Beine keine dunklen Härchen aufweisen, dies gilt in Amerika als ungepflegt. Dass Sie auch im Hochsommer Strümpfe tragen sollten, ist selbstverständlich.

Und: Bewerberinnen sollten ihre Unterlagen nicht in einer Handtasche, sondern einer professionellen Aktentasche oder einem Aktenkoffer zum Interview mitnehmen. Sollten Sie Fragen zur Kleidung haben, könnten Sie Ihren Gesprächspartner im Unternehmen anrufen und um Auskunft bitten: „What is appropriate for me to wear in our meeting?" Das sagt er Ihnen sicher gern und wird sich freuen, dass Sie das überhaupt zum Thema machen.

Was Sie zu einem Vorstellungsgespräch mitnehmen sollten:

- Lebenslauf,
- Terminkalender,
- Visitenkarten,
- Aktentasche/-koffer,
- Auflistung der Referenzen,
- Unternehmensbroschüren,
- Liste mit eigenen Fragen.

9.3 Firmenrecherchen

Bevor Sie in ein Vorstellungsgespräch gehen, sollten Sie gut über die Firma informiert sein.

Je besser Sie im Bilde sind, desto eher werden Sie das Interesse Ihres Gesprächspartners wecken können. Natürlich müssen Sie nicht die vollständige Firmengeschichte kennen, aber die wichtigsten Produkte, die Strategien der Vergangenheit und Firmenziele:

- Produktpalette,
- Dienstleistungsangebote,
- Anzahl der Angestellten,
- Ruf der Firma,
- Konkurrenten,
- Unternehmensphilosophie,
- Einstellungsverfahren,
- Geschäftsberichte,
- Tendenzen in der Geschäftsausrichtung,
- Umsätze,
- aktuelle Presseberichte über die Firma.

Auch die Namen der wichtigsten Personen im Unternehmen sollten Ihnen geläufig sein. D. h., je detaillierter Sie die Firmendaten und das Unternehmensprofil studiert haben, desto überzeugender werden Sie dem Arbeitgeber darstellen können, was Sie für ihn tun könnten.

Informationen diesbezüglich finden Sie durch:

- Recherchen in Referenzbibliotheken,
- Lektüre der Firmenprospekte und Jahresberichte,
- Networkingkontakte,
- das Internet,
- Gespräche mit Angestellten vor Ort.

Informationsquellen für die Vorbereitung werden in Kapitel 4.2 und 5 genannt.

Sie müssen im Vorstellungsgespräch zeigen, dass Sie in der Lage sind, zielorientiert zu denken und zu planen – und dass Sie die an Sie gerichteten Fragen prompt und deutlich beantworten können. In den USA ist es besonders wichtig, sich einem potenziellen Arbeitgeber als Problemlöser zu präsentieren:

- I can meet the company's needs.
- What am I able to do to help this company to be more successful?"

Wichtig ist es auch, eigene Fragen zum Unternehmen an die Gesprächspartner vorzubereiten. Sie sollten die Gelegenheit nutzen, sich über Ihren Gesprächspartner ein Bild zu machen und zu entscheiden, ob Sie dort wirklich arbeiten möchten. Fragen Sie auch nach der Corporate Culture, der Unternehmenskultur, z. B. nach Gruppenarbeit und Managementphilosophie. Informieren Sie sich vor allem über die genaue Arbeitsplatzbeschreibung. Je besser Sie diese kennen, desto gezielter können Sie dem Gesprächspartner deutlich machen, dass Sie der Richtige für das Unternehmen sind. Die Firmen benötigen dynamische Mitarbeiter (Go-Getters). Sie können zur Information auch Firmenverzeichnisse nutzen, die Ihnen z. B. von kommerziellen Online-Anbietern zur Verfügung gestellt werden. Dazu gehören:

- Academic360
  www.academic360.com

  Die Stellenangebote aus dem akademischen Bereich können Sie nach Regionen und Namen von Institutionen aufrufen:

  - Faculty and Administrative Listings (General),
  - Faculty Positions by Discipline (von A wie Agriculture bis W wie Women's Studies).

- Dun & Bradstreet
  www.dnb.com

  Die Datenbank enthält Angaben zu 60 Millionen Unternehmen aus 200 Ländern. Sie ist gebührenpflichtig (per Abonnement oder Kreditkarte sind die Kosten zu begleichen). Die amerikanischen Firmen können nach Region bzw. Bundesstaat aufgerufen werden: „Up to 1 500 Data Elements on any given Company" lautet das Angebot. Das Motto der Site: „The Most Trusted Source for Information you Need to Make your Business a Success" verspricht nicht zu viel.

- SEC Filings and Forms (EDGAR)
  www.sec.gov/edgar.shtml

  Die EDGAR-Datenbank, betrieben von der New York University Stern School of Business, ist eine interessante Site mit sehr detaillierten Finanzinformationen: „Annual Reports", „10K Reports" und „Quarterly Reports". EDGAR steht übrigens für Electronic Data Gathering, Analysis and Retrieval System, SEC für: Securities and Exchange Commission. EDGAR kann sehr nützlich sein, wenn Sie auf der Suche nach interessanten Firmen für Ihre Bewerbung sind und/oder sich gezielt auf ein Vorstellungsgespräch vorbereiten wollen.

- Fortune
  www.fortune.com

  Fortune enthält neben anderen Unternehmenslisten auch Links zu Fortune 500-Unternehmen, den 500 größten amerikanischen Unternehmen, die nach Industriezweig und Unternehmensnamen gegliedert sind. Sofern Sie die Sparte „Firma" der Fortune-500-Liste aufrufen, brauchen Sie nur ein Unternehmen anzuklicken und erhalten schon einen „Company Snapshot" mit Angaben wie Revenues, Profits, Assets, Market Value und Earnings per Share. Unter dem Begriff „Fortune Lists" haben Sie auch Zugriff auf:

  - America's Best Companies for Minorities,
  - Cool Companies,
  - America's Most Admired Companies,
  - 100 Best Companies to Work for.

- Hoover's Online
  www.hoovers.com

  Das ist die Topinternetadresse für Unternehmensrecherchen: „The Ultimate Source for Company Information". Hoovers enthält in der Rubrik „Companies" u. a. Spezifizierungen wie:

  - List of Lists,
  - A-Z-Index,
  - Private,
  - Public,
  - Industries,
  - Company Directory,
  - Small Business.

  Zu den einzelnen Firmen finden Sie Stichwörter wie:

  - Capsules,
  - Financials (Annual Financials/Balance Sheet),
  - Profiles (gebührenpflichtig).

  Unter „Capsules" sind bei Hoover Firmenprofile zu rund 14 000 Unternehmen mit vielen Finanzdaten abrufbar. Daneben natürlich auch Adressen, Angaben über E-Mails und Websites, Telefonkontakte und Faxnummern. Diese Daten sind für Nutzer gratis.

- InfoUSA
  www.infousa.com

  „Sales Leads and Mailing Lists USA" enthält 14 Millionen Einträge der American Yellow Pages. Suchkriterien sind:
  - Business Name,
  - Category,
  - Reverse Phone Number Search.

  Sie erhalten Einsicht in die Adressen und Telefonnummern der Firmen. Wenn Sie Näheres erfahren wollen, können Sie gegen die Gebühr von drei Dollar auch Zusatzinformationen, Business Credit Reports, abrufen. Dazu zählen:

  - Management Directory (Name and Title),
  - Number of Employees,
  - Estimated Annual Sales,
  - Credit Rating Code,
  - Lines of Business,
  - Competitors.

Sie können sich gebührenfrei ein Muster eines solchen Berichts unter „Sample" ansehen, falls Sie sich einen Eindruck von der Datenfülle verschaffen möchten.

- Thomas Global Register
www.trgnet.com

„Industry. Answer. Results" ist die prägnante Trilogie der Site. Sie können nach Produkten bzw. Dienstleistungen und nach Firmennamen suchen. Die Datenbank enthält mehr als 160 000 Unternehmen sowie mehr als 11 000 Produktgruppen aus 28 Ländern. Die Nutzung des Thomas Registers ist gebührenfrei, Sie brauchen sich nur mit Passwort und Member ID registrieren zu lassen. Empfehlenswert ist auch die Rubrik „Industry Links", die zu Verbänden, staatlichen Behörden und anderen Institutionen führen.

 Tipp!

Berücksichtigen Sie bei Ihrer Arbeitssuche auch kleinere Firmen, die häufiger neue Leute einstellen als große. Sie gelten im Allgemeinen als flexibler und innovativer. Folgende Site hilft Ihnen weiter:

- *Forbes 200 Best Small Companies*
www.forbes.com/200best/
Hier werden die besten kleinen amerikanischen Unternehmen beschrieben. Sie finden jeweils Presseartikel, Umsatzdaten, Börseninformationen sowie die Namen möglicher Ansprechpartner.

9.4   Typischer Verlauf eines Vorstellungsgesprächs

Wie in Deutschland sind auch in den USA die ersten Minuten eines Jobinterviews entscheidend. Am Anfang des Gesprächs steht ein bisschen Smalltalk: über Ihre Anreise, Ihre Motivation für einen Arbeitsaufenthalt in den USA oder über das Unternehmen, die Firmengeschichte, die Abteilung, in der Sie arbeiten möchten. Hier können Sie schon Interesse zeigen und beweisen, dass Sie sich auskennen. Natürlich haben Sie sich ein Bild vom Unternehmen gemacht und sind auf die wesentlichen Fragen eingestellt. Gehen Sie offen auf Ihre Gesprächspartner zu. Seien Sie freundlich und enthusiastisch. Versuchen Sie, stets locker zu bleiben.

Zeigen Sie Humor und Verbindlichkeit. Der zukünftige Arbeitgeber will auch sehen, ob Sie mit allen neuen Kollegen und unvorhergesehenen Situationen klarkommen würden.

Im zweiten Teil des Job Interviews wird vom Verantwortungsbereich der Stelle die Rede sein. Hier können Sie auf Ihre eigenen Stärken hinweisen, auf Leistungen und Erfahrungen. Beschreiben Sie alle Ihre Kenntnisse, die dem Anforderungsprofil entsprechen. Zeigen Sie, dass Sie hochmotiviert sind. Sprechen Sie von Ihren Ambitionen und Zielen. Nennen Sie Beispiele dafür, dass Sie Verantwortung übernehmen möchten und können, dass Sie bereits Führungskompetenz bewiesen haben. Ihre Leadership Skills müssen überzeugen. Falls Sie noch keine Berufserfahrungen sammeln konnten, versuchen Sie, ersatzweise Aktivitäten und Ehrenämter, auch solche aus der Schulzeit, vorzustellen.

Eine besondere Rolle spielt in einem Vorstellungsgespräch Ihre Problemlösungsfähigkeit. Gute Vorbereitung wird sich hier auszahlen. Erwähnen Sie, wo es angebracht ist, Möglichkeiten, Kosten zu reduzieren, Aufträge zu akquirieren etc. Seien Sie aber nicht übertrieben klug und besserwisserisch. Ihre Partner kennen im Zweifel die Probleme der Firma weitaus besser als Sie und sind möglicherweise für die eine oder andere Entscheidung mitverantwortlich.

Vergessen Sie am Schluss des Vorstellungsgesprächs auf keinen Fall, sich für alles zu bedanken. Zeigen Sie noch einmal Ihre Begeisterung für die Firma und die Position. Geeignete Formeln sind:

- I am genuinely interested in your organization.
- I am very enthusiastic about pursuing this position.
- I am looking forward to hearing from you because the job seems perfect to me.

Und fragen Sie beim Abschied, wann Sie mit der Entscheidung rechnen können:

- When may I expect to hear from you?

Es kann sein, dass es zwei bis drei Vorstellungsrunden gibt: Das erste Interview dient meistens der Sondierung. Ihr Ziel ist es, zur zweiten Runde eingeladen zu werden. Lehnen Sie ein Angebot nicht gleich innerhalb des Jobinterviews ab, wenn Sie einige Ihrer Vorstellungen nicht erfüllt sehen. Bitten Sie sich Bedenkzeit aus:

- I would like to consider your offer and get back with you within three days.

Schicken Sie ein bis zwei Tage später ein Dankschreiben. Bedanken Sie sich für den Termin, für gute Tipps, für die Zeit, die aufgewendet wurde. Schreiben Sie mit der Hand auf Papier mit Ihrem persönlichem Briefkopf. Die persönliche Anrede – richtig geschrieben! – ist wichtig.

Damit bringen Sie sich Ihrem potenziellen Arbeitgeber noch einmal in Erinnerung. Sie könnten einen solchen Brief darüber hinaus auch dazu nutzen, wichtige Ergebnisse zusammenzufassen und etwas nachzutragen, das Sie während des Vorstellungsgesprächs vergessen hatten zu erwähnen. Betonen Sie vor allem noch mal Ihr Interesse an der Stelle:

- May I stay in touch with you?

Sie können auch im Nachhinein anrufen und fragen, wann die Entscheidung gefällt werden wird:

- When will the decision be made?
- I'm really very interested in the job. Can you tell me where you are in the hiring process and when I can expect a response from you?
- Can I call, if I don't hear from the company by Friday?
- Based on what I've told you today, do you have any concerns about my ability to succeed in this job?
- I'm very enthusiastic about this position, when do we take the next step?
- I am calling to check on how far along in the interviewing process you are.

9.5 Klassische Interviewfragen

Im Folgenden finden Sie eine Reihe von Interviewfragen, auf die Sie sich vorbereiten können. Diese Maßnahme allein genügt aber nicht. Die Arbeitgeber interessieren sich weniger für vorfabrizierte Antworten als für konkrete Beispiele aus Ihrer Ausbildung und Arbeitserfahrung. Bei allen Antworten sollten Sie darauf achten, dass nicht Sie, sondern die Bedürfnisse der Firma im Mittelpunkt stehen. Nennen Sie nicht nur Verantwortungsbereiche, sondern auch Ergebnisse Ihrer bisherigen Arbeit, wenn möglich in Zahlen. Beschreiben Sie Ihre Leistungen möglichst anschaulich, damit sich Ihr Gesprächspartner längere Zeit daran erinnert und sich für Sie entscheidet. Am überzeugendsten ist es, die Fähigkeiten mit Berufserfahrungen aus der Vergangenheit zu belegen:

- I have some experiences that relate closely to what you are doing. I would like to tell you about them.

Fragen, die Ihnen gestellt werden können:

- Tell me (all) about yourself.
- How would you describe yourself?
- What kind of person are you?
- Which adjective characterizes you best?
- How would a friend describe you?
- What would your current employer tell me about you?
- How would your co-workers describe you?
- Why did you choose this career?
- What excites you about your current job?
- What motivates you the most?
- How do you perform under pressure?
- How do you respond to criticism?
- What kind of people do you like to work with?
- How much responsibility do you like?
- What level of responsibility do you feel comfortable with?
- What are your main strengths?
- What is your greatest weakness?
- What were your favorite courses at school?
- How difficult was school/college for you?
- What in your past experience relates to our needs?
- How do you relate to co-workers?
- Tell me about a difficult situation where you took the initiative.
- Why do you want to work for this company?
- Why did you decide to seek a position with this company?
- Why this company? Why us?
- Why have you chosen to apply here?
- How did you hear about the job opening?
- What interests you about our organization?
- What is it about this company that appeals to you?
- How much do you know about this company?
- What type of position are you interested in?
- Why would you like this particular type of job?
- Have you ever done this kind of work before?
- Why do you feel you are suited for this position?
- Why should I hire you?
- What skills do you have that are similar to those required for this job?
- What personal qualities do you have that would be especially helpful?
- What type of customers have you worked well with before?

- How do you respond to a customer with needs you cannot fulfill?
- What job-related college courses have you completed?
- What do you think you can bring to this company?
- What can you contribute to the team effort?
- Where would you like to be in five years?
- What career goals have you established for yourself in the next ten years?
- What are your long-term goals?
- Talk about your future ambitions
- How do you plan to achieve your goals?
- Which accomplishments have given you the most satisfaction?
- What kind of work experience have you had?
- Have you had any additional training since you left college?
- Tell me about your previous bosses (employers).
- Give an example of a problem you encountered in your previous job and how you solved it.
- What type of work do you like to do best?
- Are you willing to relocate?
- How do you feel about travel?
- Are you willing to take risks?
- Are you willing to go anywhere the company needs you?
- What would you do about our problems if you were the president of our company?
- In what ways would you change this company?
- What are your hobbies?
- What are your interests outside of work?
- How do you spend your spare/leisure time?
- Do you do any volunteer work?
- What extracurricular activities did you participate in during your college years?
- What was your worst mistake?
- What have you learned from your mistake?
- What is the biggest mistake you've ever made?
- What's the biggest problem you faced in your last job and how did you solve it?
- What is the most difficult situation you have faced in your career and how did you handle it?
- Why did you leave your last job?
- Why were you fired (if you were)?
- Can you assume a leadership role?
- How does your experience or education relate to this job?
- What do you like or dislike about your current job?

- What did you like best/least about your previous job?
- Have you worked in a team before?
- Do you get along well with others?
- Do you consider yourself a team-player?
- Do you prefer working by yourself?
- How do you deal with co-workers who disagree with you?
- Which problem-solving approach do you prefer?
- What kinds of people do you find it difficult to work for?
- What makes you angry?
- Do you have papers that authorize you to work in the United States?
- Do you have a work permit or work visa?
- Do you smoke?
- How is your health?
- How often were you absent from work during your last job?
- Can you tell me why there are these gaps in your work history?
- Do you have any objection to working overtime if it is required?
- How much overtime are you willing to work?
- How much did you make at your last job?
- What salary did you have in mind?

 Tipp!

Die Arbeitgeber dürfen zwar keinen Bewerber bezüglich Rasse, Alter, Geschlecht, Ehestand, Gesundheit oder Religion diskriminieren, deshalb dürfen nur Fragen gestellt werden, die sich auf die Stelle beziehen. Dennoch sollte man darauf vorbereitet sein, dass im Vorstellungsgespräch auch diese Aspekte zur Sprache kommen können. Werden Sie also gefragt, ob Sie verheiratet sind und Kinder haben, so wäre beispielsweise eine Antwort, dass für die Kinderbetreuung gesorgt ist und Sie der Firma zur Verfügung stehen, angebracht. Fragt man Sie nach Ihrer Herkunft, so könnten Sie darauf hinweisen, dass Sie sich bereits um ein Visum bemühen.

9.6 Ihre Antworten auf Interviewfragen

- Tell me about yourself.
  Dies ist die übliche Eröffnung eines Interviews. Erzählen Sie keinen Roman! Was man eigentlich von Ihnen wissen will, ist: „What can you do for the company?" Machen Sie deutlich, dass Sie die optimalen Fähigkeiten und Qualifikationen für die Position mitbringen. Sie können z. B. von der Zufriedenheit Ihrer Vorgesetzten und Kunden sprechen:

    – My clients have told me that I'm very good at ...

  Wenn Sie nicht wissen, wie und wo Sie beginnen sollen, können Sie nachfragen:

    – What aspects of my background are you specifically interested in hearing about?

  Oder Sie verweisen auf Ihren Lebenslauf, indem Sie sagen:

    – As you can see from my resume, I've been involved in ...

- Tell me about your job.
  Die Antwort sollte nicht nur lauten, dass Sie seit soundsovielen Jahren bei XYZ gearbeitet haben, sondern was Sie mit Ihrer Tätigkeit dort bewirkt haben. Haben Sie Ihren Kundenstamm vergrößert, die Kosten reduziert, die Umsätze gesteigert? Geben Sie Beispiele in Zahlen. Sie müssen Ihre Qualifikationen günstig präsentieren können.

    – By developing a new quality-control system I helped to reduce customer complaints by 15 % last year.
    – I conducted all newspaper and direct mail advertising on a budget of $ 400,000.

- What are your major weaknesses?
  Vorsicht, Falle! Lassen Sie sich nicht dazu hinreißen, etwas Falsches zu sagen, z. B. dass Sie desorganisiert seien. Die Antwort „I don't have any weaknesses at all" wäre aber auch nicht angebracht. Am besten weisen Sie auf eine Schwäche hin, die sich aber ins Positive wenden lässt. Sie könnten sagen:

    – Generally, I am somewhat impatient and resort to doing things myself if I am in a hurry.

- Tell me about a failure.
  Ähnlich wie bei der Frage nach Ihren Schwächen sollten Sie hier nicht ausführlich Ihre Pleiten beschreiben. Nennen Sie aber ein Beispiel für eine Aufgabe, die Sie nicht zu Ihrer Zufriedenheit erfüllen konnten und zeigen Sie, dass Sie daraus gelernt haben. Stellen Sie die positiven Effekte für Ihre Entwicklung heraus. Achten Sie darauf, dass Sie niemals in einem Vorstellungsgespräch Ihre Exkollegen und -vorgesetzten für eventuelle Fehler und schwierige Situationen verantwortlich machen.

- Why do you want to work here?
  Übertreiben Sie nicht, nach dem Motto: „Dies ist die beste Firma der Welt." Mit Ihrer Antwort müssen Sie den Arbeitgeber davon überzeugen, dass Sie ernsthaft am Unternehmen und der ausgeschriebenen Stelle interessiert sind, viel für das Unternehmen leisten können und dass diese Position Ihren Berufszielen genau entsprechen würde.

  – This job requires many of my strongest skills.
  – In my previous position I used many of the skills needed to do this job well.
  – I think that my experience will enable me to be a producer for you, too.
  – From what I know about the company, I feel that I can contribute a lot.

  Nennen Sie auch konkrete Projekte, zu deren Erfolg Sie beitragen können.

- What do you do for fun? What do you do in your spare time?
  Mit diesen Fragen interessiert sich der Arbeitgeber dafür, ob es einen Ausgleich zwischen Beruf und Ihrer Freizeit gibt. Halten Sie sich fit? Sind Sie etwa ein Workaholic? Engagieren Sie sich in Vereinen oder Berufsverbänden? Bilden Sie sich in Ihrer Freizeit weiter?

  – I am into sports and physical fitness.
  – I am also involved in several community organizations.
  – I have been an active member of ... for ... years.

- Do you have children?
  Eigentlich ist es gesetzlich untersagt, dass man Ihnen diese Frage stellt. Trotzdem sollten Sie darauf vorbereitet sein. Wenn Sie Kin-

der haben, weisen Sie darauf hin, dass Ihnen gute Betreuungsmöglichkeiten zur Verfügung stehen und dass Ihre Arbeit nicht unter Ihren familiären Verpflichtungen leiden wird.

> – Yes, I have two children. But I make it a point not to let that interfere with my job. I will not be distracted from my work.

• What position do you expect in five years?
Niemand erwartet auf diese Frage detaillierte Antworten. Das wäre unrealistisch. Der Arbeitgeber möchte aber wissen, ob Sie überhaupt längerfristige Ziele haben und sich ernsthaft engagieren wollen. Beschreiben Sie am besten die Verantwortungsbereiche, die Sie in den nächsten Jahren anstreben.

> – A job in which I can assume more responsibilities.

Sie können auch darauf hinweisen, dass Sie die Fähigkeiten und Erfahrungen, die Sie in dieser Zeit erwerben werden, auf die bestmögliche Weise einbringen möchten.

> - I'd like to put my skills to their best possible use.

Tipp!

Es gibt Hunderte von möglichen Interviewfragen. Wir haben eine Reihe genannt, damit Sie sich sprachlich vorbereiten können. Kommunikationsfähigkeit zu beweisen, das spielt in jedem Fall eine große Rolle in Vorstellungsgesprächen. Fassen Sie sich kurz, beantworten Sie die Fragen präzise, zeigen Sie Interesse an der Firma und den Gesprächspartnern. Seien Sie freundlich, lächeln Sie. Beweisen Sie, dass Sie ein angenehmer Mitarbeiter wären.

• Reagieren Sie mit klarer Zustimmung. Sagen Sie beispielsweise:

> - I see!
> – How interesting.

Nicken Sie und geben Sie Signale, dass Sie das Gesagte verstanden haben. Sie können auch Aussagen des Gesprächspartners wiederholen oder in Ihre Antworten einbauen. Beobachten Sie die Reaktionen Ihres Gegenübers und gehen Sie darauf ein, indem Sie etwas zusammenfassen oder das Thema wechseln.

- Fragen Sie direkt nach Reaktionen:

    - Do you think this is the kind of experience that would be valuable to your firm?
    - Would you like to hear more about this?

Wenn der Gesprächspartner vom Thema abkommt, dann könnten Sie sagen:

    - Getting back to one particular area of the company you mentioned ...

Achten Sie selbst auch darauf, dass Sie sich nicht verzetteln. Bauen Sie in Ihre Antworten Zahlen ein. Geben Sie Beispiele dafür, wie erfolgreich Sie in bisherigen Stellen Aufgaben gelöst haben. Beziehen Sie sich in Ihren Antworten auf das Aufgabenprofil in der Stellenausschreibung. Nützliche Vokabeln, die Sie in Ihren Antworten unterbringen sollten, sind: dependable, reliable, flexible, hard–working.

9.7 Fragen, die Sie selbst stellen können

Alle Fragen, die Sie stellen, zeigen Kenntnis und verschaffen Ihnen durch Ihre Präzision eventuell ein Plus gegenüber Ihren Mitbewerbern. Zeigen Sie auch durch Zwischenfragen, dass Sie mitdenken.

- What is the history of the position?
- Why is the position open?
- What type of person would be likely to be successful in the company?
- What combination of skills or attributes is needed to be successful in the job?
- How do you recruit your staff?
- What kind of experience is the most beneficial?
- I would like to know about your products
- How would you describe your ideal employee?
- What plans do you have for the next years?
- What might I expect to be doing over the next three years?
- What is the budget I will be handling?
- What are the responsibilities and budget accountabilities of the position?
- Where can I go from here in the company?
- To whom will I be reporting?
- With whom would I be working?

- Who would be my supervisor?
- How much responsibility will I have?
- What are the three top-goals you have set for this position for the coming year?
- What problems do you see?
- May I see the job description for this position?
- Is this a newly created position or am I replacing someone?
- Will I need to relocate regularly?
- Could you describe your management style?
- What is your management philosophy?
- What is the approach to management?
- What will be the biggest challenge I'll have to face in this job?
- How large is your department?
- Does the company plan to expand this department in the future?
- What is the typical career path for someone in this job?
- How many people will I be supervising?
- What do you like about your company?
- How would you describe the overall work atmosphere?
- Can you describe a typical day on the job?
- What do you see as the biggest challenges of the job?
- What are the employee benefits?
- Are there regularly scheduled evaluations?
- Is there a training period?
- Can I talk to one or two people in the department?
- Could you recommend someone?
- How can I contribute to your team?
- Do you think I've got the background you're looking for?
- When will a decision be made about this position?
- What is the next step in the decision-making process?
- Is there anything else you need to know about me?
- What is your timing?

9.8 Gehaltsverhandlungen

Gehaltsaspekte sollten Sie erst am Ende des Interviews diskutieren, wenn Sie sicher sind, dass Sie der Kandidat Nr. 1 der Firma sind und selbst auch gern dort arbeiten möchten. Auf keinen Fall sollten Sie mit dem Thema „Gehalt" anfangen. Vielleicht können Sie schon vor dem Vorstellungsgespräch herausfinden, ob die Firma mit sich verhandeln lässt oder was sie generell zu zahlen bereit ist. Hier muss taktisch klug vorgegangen werden – und mit Einfühlungsvermögen.

Um beurteilen zu können, ob der potenzielle Arbeitgeber Ihnen ein interessantes Angebot macht, sollten Sie sich vorher unbedingt über die Durchschnittsgehälter in Ihrer Branche informiert haben. Es gibt im Internet eine Reihe allgemeiner sowie branchenspezifischer Gehaltsspiegel, die Ihnen helfen können, Ihren Marktwert einzuschätzen:

- Bureau of Labor Statistics
  http://stats.bls.gov/home.htm

  Klicken Sie am linken Bildrand der Website unter „Occupations" die Sparte „Wages by Area and Occupation" an. Dort können Sie zwischen 20 Berufsfeldern wählen. Die Gehaltsspiegel sind aktuell und informativ: Sie nennen neben den Durchschnittsgehältern auch die jeweils höchsten und niedrigsten.

- JobStar Salary Info Index
  www.jobstar.org/tools/salary/index.cfm

  Dies ist eine der besten Informationsquellen zum Thema „Gehalt". Sie bietet eine regelmäßig aktualisierte Auflistung von Durchschnittsgehältern aus verschiedenen Berufssparten – von A wie „Accounting" bis W wie „Wood and Paper". Die Informationen, die Sie abrufen können, umfassen folgende Rubriken:

  - Salary Information,
  - Salary Surveys,
  - Negotiation Strategies.

- SalaryExpert
  www.salaryexpert.com

  Diese Site ermöglicht es Ihnen, weltweit Gehaltsinformationen abzurufen. Geben Sie beispielsweise „Architect" und „Indianapolis" in die Suchmaske ein, so erhalten Sie als Resultate:

  - Durchschnittsgehälter (Low, Average, High, Bonus, Benefits),
  - Beschreibung der Position,
  - Additional Sources of Information.

Wenn Sie nach Ihren Gehaltsvorstellungen gefragt werden, nennen Sie besser keine konkrete Zahl, sondern betonen Sie zunächst nur, wie sehr Sie der angebotene Posten interessiert:

This job/organization is exactly what I am looking for.

Fügen Sie dann hinzu, dass Sie sich informiert haben und erklären Sie, Sie hätten herausgefunden, dass Berufstätige mit Ihren Qualifikationen zwischen ... und ... Dollar verdienten. Geben Sie möglichst nicht Ihr früheres oder aktuelles Gehalt an. Mögliche Antworten auf die Gehaltsfrage könnten sein:

- Once we've become more familiar with each other, I'm sure salary won't be a problem.
- At my former company I had a comprehensive financial package (health insurance, bonuses).
- A fair market price for a position such as this is in the range of 30,000 to 40,000 $.
- Money is not my main concern at this point, and I am sure that if we both decide that I'm right for the job, we can come to an agreement on salary.

Fragen Sie im Rahmen von Gehaltsverhandlungen auch nach dem Einstiegsgehalt und der Entwicklung innerhalb der nächsten drei bis fünf Jahre. Oder bitten Sie während der Gehaltsverhandlung gleich um einen Termin für ein zweites Gespräch, z. B. in sechs Monaten, in dem man über Beförderungen sprechen könnte.

Schlägt man Ihnen ein zu niedriges Gehalt vor, können Sie sagen:

- I'm very interested in joining the company, but the salary level is below what other employers in the area are paying.
- Thank you for the offer. I am sure I could make a contribution. But I do have some concerns about the compensation package that I would like to discuss with you.
- I am sure my productivity would justify a salary in the range of ...

Vergessen Sie nicht, auch nach verschiedenen Extras zu fragen: „Are there any benefits that I would receive in addition to the salary?" Diese könnten z. B. sein:

- Health Insurance,
- Life Insurance,
- Dental Insurance,
- Disability Insurance,
- Retirement/Pension Plans,
- Profit-sharing Plans,
- Overtime Compensation,
- Vacation Days,

- Sick Days,
- Tuition Reimbursement (berufliche Weiterbildung),
- Company Car,
- Moving Expenses (Umzugskosten),
- In-house Training.

Auch diese „Perks" sollten erst angesprochen werden, wenn Sie sicher sind, dass Sie den Job bekommen! Lassen Sie sich die ausgehandelten Sonderleistungen in Form eines Letter of Employment schriftlich bestätigen: Responsibilities, Salary, Flexible Hours etc. werden so am besten festgehalten. Da die Krankenversicherung in den USA sehr teuer ist, lohnt es sich, danach zu fragen, ob der Arbeitgeber einen Teil der Versicherungskosten übernimmt. Berücksichtigen Sie auch die unterschiedlichen Lebenshaltungskosten in den amerikanischen Städten, bevor Sie eine Zusage machen. Bedenken Sie, dass Fachkräfte in den USA im Allgemeinen schlechter als in Deutschland bezahlt werden. Meistens sind auch die Einstiegsgehälter niedriger. Dafür haben Sie gute Chancen, befördert zu werden, wenn Sie sich in Ihrem Job bewähren. In den USA wird eine hohe Flexibilität und Mobilität der Arbeitnehmer vorausgesetzt. Einerseits werden unbezahlte Überstunden generell akzeptiert, das 13. Monatsgehalt ist unüblich, die Löhne stagnieren seit langer Zeit und der Einkommenszuwachs ist niedrig. Andererseits sollten Sie wissen, dass in den USA weniger Steuern gezahlt werden müssen als in Deutschland und dass man vor allem schneller befördert wird, wenn man gute Arbeit leistet.

9.9 Das Dankschreiben

Im klassischen Bewerbungsverfahren gibt es mehrere Gelegenheiten, eine Thank-you-Note zu schreiben:

- wenn man auf die Frage nach einem Ansprechpartner Informationen erhalten hat,
- nach einem Informationsinterview,
- nach einem Vorstellungsgespräch,
- nach einem Stellenangebot,
- nach einer Absage.

Mit einem Dankschreiben heben Sie sich positiv aus der Gruppe der Bewerber heraus. Sie zeigen, dass Sie freundlich sind, gute Manieren haben und gut organisiert sind. Man wird sich besser an Sie erinnern.

Nach einem Vorstellungs- oder Informationsgespräch empfiehlt es sich beispielsweise, ein Detail aus dem Gespräch zu zitieren. Sie können den Brief auch nutzen, um etwas zu erwähnen, was Sie in der Besprechung vergessen haben.

– I would like you to know that ...

Es genügt, Briefkarten in einem kleineren Format zu verwenden. Wenn Sie eine schöne Schrift haben, können Sie mit einem Füller per Hand schreiben, das wirkt persönlicher. Kaufen Sie Sonderbriefmarken. Fassen Sie sich kurz. Reden Sie den Adressaten mit Namen an. Und schreiben Sie fehlerfrei! Auf keinen Fall sollten Sie Ihrem Dankschreiben irgendwelche Bewerbungsunterlagen beifügen. Lassen Sie nicht zu viel Zeit zwischen dem Gespräch und Ihrem Brief verstreichen (höchstens ein bis zwei Tage). Nützliche Redewendungen für Dankschreiben sind:

- Thank you for seeing me while I was in New York last week.
- I appreciate your kindness and all the information you gave me.
- I was most impressed with your firm and everyone I met.
- I appreciated the suggestions you gave me.
- I would like to thank you for the opportunity to discuss ...
- I am sure that I can make a contribution to your organization.
- I appreciated your time and consideration.
- I am still very much interested in your firm. I would like the opportunity to stay in touch with you over the next months.

Helga Lange
1234 Virginia Road
New York, NY 10123
(212) 1 23 44 44

January 15, 2004

Dr. Judith Martinez
Director of Marketing
Mills Office Systems
222 Prestige Park, Suite 420
Oakland, NY 17436-3100

Dear Dr. Martinez:

Thank you very much for the interview and the information you gave me yesterday. I was most impressed with your corporation and everyone I met.

Working at Mills Office Systems with you and your team would be both interesting and exciting for me. I am sure that I could make a significant contribution to your organization.

Once again, I thank you for your time and your consideration. I look forward to hearing from you shortly.

Sincerely,

H. Lange

Helga Lange

Martin Schwab
Ulmenweg 10
22334 Hamburg
Germany
01149-40 23 45 17567

April 15, 2005

Mr. John Gibbs
Division Manager
Fox Electronics Corporation
320 Broad Street
Chicago, IL 60611
USA

Dear Mr. Gibbs:

Thank you very much for offering me the position of Project
Engineer with your firm at a starting salary of $ 4,000 per
month commencing January 6, 1998.

I am delighted to accept your offer and join Fox Electronics. I
am most enthusiastic about the opportunity to work with you
while making a contribution to your organization.

Thank you for choosing me as part of your team.

Sincerely,

M. Schwab

Martin Schwab

10 Das amerikanische Bildungswesen

10.1 Übersicht über das amerikanische (Hoch-)Schulwesen

In den USA führt der 12-jährige Schulbesuch zum Abitur, dem High School Diploma. Nach sechs Jahren Grundschule (Elementary School) folgt der Besuch einer Junior High School (siebte bis neunte Klasse) und der Senior High School (zehnte bis zwölfte Klasse) bzw. der High School. Es gibt in den USA keine Schulabschlüsse unterhalb des Abiturs, die dem deutschen Haupt- oder Realschulabschluss entsprechen. Das High School Diploma wird im Alter von 17 bis 18 Jahren erworben. Es berechtigt nicht automatisch zum Besuch einer Universität. Dafür sind meistens noch Zulassungstests zu absolvieren. Darauf bauen verschiedene Undergraduate-Studienprogramme auf:

- 2-jährige führen zum Associate Degree,
- 4-jährige führen zum Bachelor's Degree, dem untersten akademischen Grad.

Diese Studien kann man an Colleges oder Universitäten absolvieren. Es gibt in den USA 4 180 Colleges und Universitäten – mit ganz unterschiedlichem Ruf.

Hat man einen Bachelor-Abschluss erworben, so kann man darauf aufbauen: An der Universität erlangt man in 1- bis 2-jährigen Graduiertenstudienprogrammen (Graduate Studies) einen Master-Abschluss. Den Doktorgrad (Doctoral Degree) erwirbt man nach frühestens drei weiteren Jahren. Mit First Professional Degrees schließen spezielle Studiengänge, z. B. in Medizin, Zahnmedizin und Rechtswissenschaften ab: Sie führen zum Doctor of Medicine und zum Juris Doctor.

Abkürzungen, auf die Sie häufig stoßen werden

- A.A.   Associate of Arts
- A.S.   Associate of Science
- B.A.   Bachelor of Arts
- B.S.   Bachelor of Science
- B.Ed.   Bachelor of Education
- M.A.   Master of Arts
- M.S.   Master of Science
- M.Ed.   Master of Education

- M.B.A.   Master of Business Administration
- M.Arch.   Master of Architecture
- M.M.   Master of Music

Die Notenskala an den High Schools und Colleges reicht von A bis E/F

- A   4   = sehr gut
- B   3   = gut
- C   2   = durchschnittlich/befriedigend
- D   1   = knapp ausreichend
- E/F   0   = nicht ausreichend/ungenügend

GPA

In vielen amerikanischen Lebensläufen findet man das Kürzel GPA. Es steht für Grade Point Average. Wer etwa in allen Fächern ein A hatte, erhält die Durchschnittsnote vier, d. h. die beste Note. Im Lebenslauf liest sich das so:

- B.S., Engineering, 1988,
  Ohio State University, Columbus
  3.5/4.0 GPA.

10.2 Begriffe und Abkürzungen

- Associate Degree
  Berufsbezogener Abschluss nach 2-jährigem Studiengang an einem College (Junior College bzw. Community College) oder einer Universität im Vollzeit- oder im Teilzeitstudium. Dieser Abschluss ist für deutsche Studenten in Austauschprogrammen weniger interessant.

- Bachelor's Degree
  Akademischer, vollgültiger Abschluss nach 4-jährigem Studiengang, der an einem College oder an einer Universität erworben werden kann.

- Certificate
  Berufsqualifizierender Abschluss, z. B. von Technical und Vocational Schools nach 2-jährigem Besuch.

- Doctorate
  Abschluss nach 2- bis 4-jährigem Vollzeitstudium, z. B. Ph.D. (Doctor of Philosophy).

- Master's Degree
  Kann nach frühestens einem Jahr Studium im Anschluss an den Bachelor's Degree an einer Universität erworben werden.

- Advanced Professional Degree
  Berufsbezogene Abschlüsse, die auf dem B.A. aufbauen und von Professional Schools angeboten werden: (Zahn-)Medizin, Rechtswissenschaft, Theologie, Betriebswirtschaft (MBA).

- SAT (Scholastic Aptitude Test)
  Zulassungstest für Studienanfänger an Universitäten.

- GMAT (Graduate Management Admission Test)
  Test, der in der Regel obligatorisch für den Besuch von Business Schools ist.

- GRE (Graduate Record Examination)
  Zulassungstest für Studiengänge, die mit einem Master's Degree bzw. Doctorate abschließen. An den Zulassungstests der Universitäten müssen üblicherweise auch ausländische Bewerber teilnehmen.

- TOEFL (Test of English as a Foreign Language)
  Viele amerikanische Universitäten setzen voraus, dass ausländische Studienbewerber diesen Sprachtest ablegen. Informationen zu den verschiedenen Tests erhalten Sie bei den US Information Service Offices oder direkt bei TOEFL:

  - TOEFL
    P.O. Box 6151,
    Princeton
    New Jersey 08541-6151
    www.toefl.com

10.3 Informationen zum Studium in den USA

- Deutscher Akademischer Austauschdienst
  Kennedyallee 50
  53175 Bonn
  Tel.: +49(0)228-882 0
  Fax: +49(0)228-882 444
  www.daad.de

- DAAD-Büro Berlin
  Markgrafenstraße 37
  10117 Berlin
  Tel: +49(0)30-202208 0
  Fax: +49(0)30-2041267

- German Academic Exchange Service
  871 United Nations Plaza
  New York, NY 10017
  Tel: 001-212-7583223
  Fax: 001-212-7555780

- DAAD Informationszentrum San Francisco
  c/o Goethe Institut
  Bush Street 530
  San Francisco CA 94 108
  Tel: 001-510-642 5310
  Fax: 001-510-642 9515

 Buchtipp!

Studium, Forschung, Lehre im Ausland,
Förderungsmöglichkeiten für Deutsche
Hrsg. vom DAAD, Bonn.

Studienführer USA/Kanada
Hrsg. vom DAAD, Bonn.

The College Handbook,
Foreign Student Supplement
Hrsg. vom College Board, New York.

Peterson's Guide to Graduate Programs
Peterson's Guides, Princeton.

Informationen im Internet

- Amerikanische Botschaft in Deutschland
  www.usembassy.de/exchanges/study.htm

  Zum Thema „Studieren in den USA" ist diese Site eine gute Informationsquelle. Sie ist gegliedert in:
  - Graduate Study,
  - Undergraduate Study
  - Specialized Professional Study,
  - Accreditation,
  - Financial Aid,
  - Tests and Testing,
  - Visa Information.

- Studyusa
  www.studyusa.com

  Diese Site erklärt ausländischen Studienbewerbern alles, was für sie interessant ist: von einem Schuljahr in den USA bis hin zu Postgraduiertenstudiengängen.

- Edufind
  www.edufind.com

  Ihnen fehlt es noch an den nötigen Englischkenntnissen? Sie sind interessiert an Sprachschulen in den USA? Dann hilft Ihnen diese Website weiter. Geben Sie als Suchbegriff „English" ein, so erhalten Sie 370 Resultate in den USA!

- Deutscher Akademischer Austauschdienst, DAAD
  www.daad.de

  In der Rubrik „Länderberichte" finden Sie unter „Vereinigten Staaten von Amerika" alles Wissenswerte über Universitäten, Zulassungsbedingungen, Studiengebühren, Förderprogramme und internationale Kooperationen. Auch die Liste der Informationsstellen und der Literaturhinweise ist lesenswert!

11 Einreise- und Visabestimmungen für die USA

11.1 Allgemeines

Entgegen verbreiteter Ansicht ist es weder schwierig noch allzu zeitaufwändig, ein Visum für die USA zu erhalten, wenn … ja, wenn Sie in die richtige Kategorie passen. Die vielen verschiedenen Visa, die man beantragen kann, sind zunächst verwirrend. Noch undurchsichtiger wird es, wenn man erfährt, dass auch schon mit einem gültigen Visum ausgestattete Personen, die unter dem „Visa Waiver Program" in die USA einreisen wollten, am Ankunftsflughafen von den Einwanderungsbeamten an der Passkontrolle abgewiesen und mit dem nächsten Flugzeug nach Deutschland zurückgeschickt worden sind – und das nicht erst seit dem 11. September 2001. Besonders häufig werden seit dem Start des Visa-Waiver-Programms junge Frauen abgewiesen, die in amerikanischen Familien, z. B. bei Freunden der Eltern, in den Ferien gegen ein Taschengeld „auch auf die Kinder aufpassen wollen". Das wird von den USCIS-Beamten als Au-pair-Tätigkeit angesehen, für die die erforderliche Arbeitsgenehmigung vorher einzuholen ist.

Antragsteller müssen sich der Tatsache bewusst sein, dass ein Visum die Einreise in die USA nicht garantiert: Es ist lediglich die Berechtigung, die USA um Einreise zu ersuchen. Darüber entscheidet die Einwanderungsbehörde United States Citzenship and Immigration Service (USCIS), nicht der Konsularbeamte. Auch die Dauer des zugelassenen Aufenthalts wird vom USCIS bestimmt und auf dem I-94-Formular (weiß) bzw. auf dem I-94W-Formular (grün) festgehalten.

 Wichtig!

Bei Ihrer Ausreise müssen Sie unbedingt das I-94- bzw. das I-94W-Formular von der Fluggesellschaft aus Ihrem Pass entfernen lassen. Nur dann wird Ihre Ausreise korrekt erfasst und Sie vermeiden sehr unangenehme Folgen, die bei einer späteren Reise in die USA zur Zurückweisung an der Grenze führen können. Wenn die Fluggesellschaft vergessen haben sollte, das Formular zu entfernen, sehen Sie umgehend zu, den USCIS von Ihrer rechtzeitigen Ausreise aus den USA zu überzeugen. Tipps dazu finden Sie auf der Website der US-Botschaft unter „Nachträglicher Nachweis der Ausreise (I-94W)".

Für bestimmte Austauschprogramme helfen Ihnen verschiedene autorisierte Austauschorganisationen bei der Beschaffung des Visums weiter, u. a.:

- Zentralstelle für Arbeitsvermittlung (ZAV),
- Deutscher Akademischer Austauschdienst (DAAD),
- InWEnt (ehemals Carl-Duisberg-Gesellschaft, CDG),
- Deutsches Komitee der IAESTE im DAAD,
- Deutsches Komitee der AIESEC,
- Travel Works und andere mehr.

Weitere Informationen auf der Website der Studienberatung der FH-Hannover:

- wwwserv1.rz.fh-hannover.de/usa/praktik2.htm
  (Hier ohne Punkt nach www!)

Falls Sie eine Arbeitsgenehmigung benötigen, muss zunächst der zukünftige Arbeitgeber eine Arbeitserlaubnis bei der Einwanderungsbehörde in den USA beantragen. Erst dann können Sie einen Antrag auf ein Visum stellen. Grundsätzlich wird im amerikanischen Visasystem unterschieden zwischen den Visa für

- dauerhafte Aufenthalte (Immigrant-Visa)/Einwanderungsvisum) und
- zeitlich begrenzte Aufenthalte (Non-Immigrant-Visa).

11.2 Immigrant-Visum (Green Card)

Ein Einwanderungsvisum gestattet Ihnen, auf Dauer in den USA zu leben, zu arbeiten und später die Staatsbürgerschaft zu beantragen. Sie können sich damit auf dem Arbeitsmarkt frei bewegen.

675 000 Immigrant-Visa werden von den USA jährlich weltweit in ca. zehn verschiedenen Kategorien ausgegeben. Nach längerem Aufenthalt in den USA kann dieser Personenkreis die berühmte Green Card erhalten. Ihre offizielle Bezeichnung ist Permanent Resident Card. Sie gibt Ihnen den Status eines Lawful Permanent Resident. Das entspricht in etwa der unbefristeten Aufenthaltsberechtigung in Deutschland. Die Green Card können Sie erhalten

- durch Heirat mit einem US-Bürger,
- als Investor,

- durch Anstellung (in den USA),
- als Special Immigrant,
- mittels der Green-Card-Lotterie (DV-Lottery Program).

Informationen zur Green-Card-Lotterie finden Sie auf der Website des U.S. Department of State:

- http://travel.state.gov/visa/immigrants/types/types_1322.html

Das Diversity Immigrant Visa Program oder die Green-Card–Lotterie vergibt weltweit jährlich 50 000 Permanent Resident Visa, Daueraufenthaltsgenehmigungen, so genannte Green Cards, in einem Losverfahren. Aus der Liste aller Bewerber, die den einfachen, aber strengen Auswahlkriterien genügen, werden sie in einem Zufallsverfahren gezogen, deshalb der Begriff Lotterie. Sie wendet sich an Personen aus Ländern mit geringem Einwanderungsanteil in die USA. Den Antrag, an dieser Lotterie teilzunehmen, kann jeder stellen. Die Frist reicht meistens von Anfang November bis Ende Dezember bzw. Anfang Januar für die darauf folgende Jahresziehung. Der Antrag muss innerhalb dieser Frist elektronisch online über die speziell eingerichtete Website

- www.dvlottery.state.gov

gestellt werden. Schriftliche Anträge werden nicht mehr angenommen. Die Teilnahmebedingungen sind einfach:

- Der Antragsteller muss Staatsangehöriger eines der begünstigten Länder sein. Deutschland, Österreich und die Schweiz gehören mit dazu.
- Der Antragsteller muss die Bildungs- oder Ausbildungskriterien des DV-Programms erfüllen, d. h., der Antragsteller muss entweder einen erfolgreichen Abschluss einer 12-jährigen Grund- und Sekundarschulbildung haben oder er muss während der letzten fünf Jahre zwei Jahre Berufserfahrung in einem Beruf vorweisen, für dessen Ausübung mindestens zwei Jahre Ausbildung oder Berufserfahrung erforderlich sind.
- Erfüllt der Antragsteller diese Voraussetzungen nicht, sollte er besser keinen Antrag für seine Teilnahme an der Lotterie stellen.

Tatsächlich sind die Teilnahmebedingungen und das Verfahren zur Registrierung natürlich viel detaillierter und berücksichtigen zahlreiche Grenzfälle, auf die wir hier nicht eingehen können. Wir verweisen Sie daher auf die Website der Amerikanischen Botschaft, die Sie unbedingt studieren sollten, bevor Sie beginnen, Formulare herunterzuladen und auszufüllen.

– www.us-botschaft.de/germany-ger/greencard/index.html

Da sich unser Buch hauptsächlich an Deutsche, Österreicher und Schweizer wendet, die sich ohne Auswanderungsabsichten für einen zeitlich begrenzten Aufenthalt in den USA interessieren – das sind ohnehin die meisten –, gehen wir auf Immigrant-Visa in diesem Buch nicht weiter ein. Informationen dazu finden Sie jedoch auf der Website der Botschaft.

11.3 Non-Immigrant-Visa

Insgesamt ist es einfacher, ein Visum für einen zeitlich begrenzten Aufenthalt zu bekommen als ein Einwanderungsvisum, da es für die meisten Non-Immigrant-Visa keine zahlenmäßige Beschränkung gibt. Die Beamten der amerikanische Einwanderungsbehörde vermuten zunächst in jedem Ausländer, der für begrenzte Zeit in die USA einreisen will, einen potenziellen Einwanderer. Der Ausländer muss daher nachweisen, dass er sich lediglich für einen begrenzten Zeiraum und einen bestimmten Zweck in den USA aufhalten will, über ausreichend eigene Mittel verfügt, und nach seinem Aufenthalt in sein Heimatland zurückkehren wird.

Die wichtigste Aufgabe für Sie besteht zunächst darin, die auf Sie zutreffende Visumkategorie auszuwählen, d. h. die Kategorie, die Ihrer Aktivität während Ihres USA-Aufenthalts entspricht. Das US-Konsulat, das für Ihren Wohnort zuständig ist, wird Ihnen dabei helfen. Für Antragsteller mit Wohnsitz in Berlin, Brandenburg, Bremen, Hamburg, Mecklenburg-Vorpommern, Niedersachsen, Sachsen, Sachsen-Anhalt, Schleswig Holstein oder Thüringen ist es z. B. die:

- Konsularabteilung der Botschaft der USA
  Clayallee 170,
  14195 Berlin
  Tel.: +49-0190-850055 (1,86 Euro/Minute)

Für Antragsteller mit Wohnsitz in Baden-Würtemberg, Bayern, Hessen, Nordrhein-Westfalen, Rheinland-Pfalz, Saarland ist es das:

- Amerikanische Generalkonsulat
  Visaabteilung
  Siesmayerstraße 21
  60323 Frankfurt am Main
  Tel.: +49-0190-850055 (1,86 Euro/Minute)

Für die Visakategorien K, E-1 und E-2 ist in Deutschland ausschließlich das Generalkonsulat in Frankfurt am Main zuständig. Die Konsulate in Düsseldorf, Hamburg, Leipzig und München erteilen keine Visa.

Für Antragsteller mit Wohnsitz in Österreich ist die Konsularabteilung der Amerikanischen Botschaft zuständig:

- Amerikanische Botschaft
  Parkring 12
  1010 Wien
  Tel.: +43-0900-510300 (2,16 Euro/Minute)
  Fax: +43(0)1-512 58 35

Für Antragsteller aus der Schweiz und Liechtenstein ist es die Konsularabteilung der Amerikanischen Botschaft:

- Amerikanische Botschaft
  Jubiläumsstrasse 93
  3005 Bern
  Tel.: +41-0900-878472 (2,50 Schweizer Franken/Minute)
  Fax: +41(0)31-3577398

Wenn Sie den unten genannten Anforderungen für ein Visum nicht genügen, besteht die einzige Möglichkeit darin, Ihre Situation entsprechend zu ändern – z. B. durch eine geeignete Zusatzausbildung, Erwerb von ausreichenden Sprachkenntnissen usw. Non-Immigrant-Visa sind für Personen bestimmt, die:

- sich einer der festumrissenen Visakategorien zurechnen lassen,
- einen festen Wohnsitz außerhalb der USA haben, diesen beibehalten, und nach Ablauf des Aufenthalts in den USA dorthin zurückkehren,
- für die Dauer ihres Aufenthalts über ausreichend finanzielle Mittel verfügen,
- sich nicht oder zumindest nicht von vornherein auf Dauer in den USA niederlassen wollen.

Die verschiedenen Non-Immigrant-Visa sind mit sehr unterschiedlichen Rechten verbunden. Sie werden für bestimmte Aktivitäten wie Tourismus, Ausbildung und Arbeit ausgegeben. Mit dem Visum erhalten Sie das Recht (den Status), dieser Tätigkeit in den USA nachzugehen, aber keiner anderen! Im Gegensatz zur Freiheit, die Ihnen ein Immigrant-Visum auf dem amerikanischen Arbeitsmarkt gibt, sind Sie mit Ihrem Non-Immigrant-Visum an den im Visum vorgegebenen Arbeitgeber/ Arbeitsplatz gebunden und müssen sich etwaige Änderungen dieses Status vorher von der Einwanderungsbehörde in den USA genehmigen lassen. Darüber hinaus ist für einige Visa eine Arbeitsaufnahme ohnehin verboten.

 ## Wichtig!

Auch wenn deutsche Touristen für einen auf 90 Tage begrenzten Aufenthalt in den USA kein Visum benötigen, gilt: Es ist nicht möglich, ohne das richtige Visum in den USA zu studieren, ein Praktikum zu absolvieren, als Au-pair zu arbeiten oder eine andere Tätigkeit aufzunehmen.

Die in Deutschland am häufigsten vergebenen Non-Immigrant-Visa sind die B-, F-, J-, H-, L- und M-Visa. In den weiter unten folgenden Beschreibungen werden die anderen Visaarten daher nicht behandelt. Für weitergehende Informationen darüber verweisen wir Sie auf die Websites der US-Botschaften in Deutschland, Österreich und der Schweiz:

- www.us-botschaft.de/germany-ger/visa/
- www.usembassy.at/en/embassy/cons/niv.htm
- www.usembassy.ch/Consular/NIV/Appointment.htm

Besonders die US-Botschaft in Deutschland hat eine ausgezeichnete Gliederung zu Visainformationen veröffentlicht, von der wir das Wichtigste hier zusammengefasst haben. Diese Website sollten Sie sich unbedingt ansehen, bevor Sie es allein weiterversuchen.

- www.us-botschaft.de/germany-ger/visa/index.html

Hier finden Sie Informationen zu beruflichem Aufenthalt, Austausch- und Ferienprogrammen, Praktika, Au-Pair, Green Card, Visaanträgen, sowie herunterladbare PDF- oder Online-Formulare, Hinweise auf die obligatorischen Interviews, und zwar auf aktuellstem Stand.

Wir beschränken uns daher auf das Wichtigste und verweisen noch einmal auf die Detailfülle der Botschaftssite. Sollten Sie keinen Internetzugang haben, hilft Ihnen der oben angegebene telefonische Visa-Informationsdienst der zuständigen Konsularabteilung weiter. Der Beschreibung der einzelnen Visaarten stellen wir eine kurze tabellarische Übersicht voran.

Übersicht über Non-Immigrant-Visa

Art des Aufenthaltes	Art des Visums	Formblätter
Tourismus		
Maximal 90 Tage, Geschäftsreisen	Visa-Waiver-Programm (visafreie Einreise)	keine
Geschäftsreisen im internationalen Handel und/oder Dienstleistungsbereich; Famulatur an Universitätkliniken; Rechtsreferendariat auf einer Wahlstation	B-1	DS-156
Tourismus; Kongressteilnahme; Krankenhausaufenthalt; Famulatur an einer Universitäts klinik; Rechtseferendariat auf einer Wahlstation	B-2	DS-156
Akademisches Vollstudium; Sprachkurse;	F-1	I-20A-B DS-156 (DS-157), DS-158
Mitreisende Ehepartner und Kinder (bis zum 21. Lebensjahr)	F-2	I-20A-B, DS-156 (DS-157), DS-158
Nicht-akademische, berufsbezogene Studien;	M-1	I-20M-N, DS-156 (DS-157), DS-158
Mitreisende Ehepartner und Kinder (bis zum 21. Lebensjahr)	M-2	I-20M-N, DS-156 (DS-157), DS-158
Austausch für Lehrer, Professoren, Studenten, Praktikanten; Personen, die einen Ferienjob übernehmen wollen; Au-pairs;	J-1	DS-2019, DS-156 (DS-157), DS-158
Mitreisende Ehepartner und Kinder (bis zum 21. Lebensjahr)	J-2	DS-2019, DS-156 (DS-157), DS-158

Beschäftigungsverhältnisse		
Spezialisten mit akademischer Ausbildung, aber auch Models/ Mannequins	H-1B	I-129, I-797
Saisonale Beschäftigung in der Landwirtschaft	H-2A	I-129, I-797
Saisonale Beschäftigung von Facharbeitern außerhalb der Landwirtschaft	H-2B	I-129, I-797
Ausbildung im nichtmedizinischen, nichtakademischen Bereich	H-3	I-129, I-797
Firmeninterne Versetzungen;	L-1	I-129, I-797
Mitreisende Ehepartner und Kinder (bis zum 21. Lebensjahr)	L-2	

Einige weitere Visa-Arten, die hier nicht näher behandelt werden

Diplomaten	A	
Handel und Investitionen in den USA	E-1/E-2	
Crews von Schiffen und Flugzeugen	C-1/D	
Repräsentanten internationaler Organisationen	G	
Journalisten, Medienvertreter	I	
Personen mit herausragenden Fähigkeiten	O-1/O-2	
Athleten, Künstler, Unterhaltungskünstler	P-1 bis P-3	
Teilnahme an internationalen kulturellen Austauschprogrammen	Q	
Mitglieder religiöser Einrichtungen	R-1	

Visa Waiver Program

Zielgruppe:	Touristen und Geschäftsreisende aus 27 Ländern, inklusive der meisten EU-Staaten.
Aufenthaltsdauer:	Maximal 90 Tage, keine Verlängerungsmöglichkeit.
Arbeit in den USA:	Arbeitsaufnahme ist nicht erlaubt.
Visumantrag:	Kein Antrag erforderlich. Sie reisen mit Ihrem maschinenlesbaren Reisepass ein, der für deutsche Staatsbürger noch mindestens für die Dauer Ihres Aufenthalts in den USA gültig sein muss. Seit dem 26. Oktober 2004 muss ein maschinenlesbarer, bordeauxfarbener Reisepass (Europapass) vorgelegt werden. Sie müssen im Besitz eines Rückflugtickets bzw. eines weiterführenden Tickets sein, das nicht in Kanada, Mexiko oder der Karibik endet.
Besonderheiten:	Der Aufenthalt ist nicht verlängerbar und die Visa-Waiver-Kategorie kann nicht in eine andere Visakategorie umgewandelt werden.
	Sie haben keine Einspruchsmöglichkeit, wenn Sie an der Grenze zurückgewiesen werden. Für „exotische" Einreisen in die USA (z. B. per Privatflugzeug, privatem Schiff o. Ä.) benötigen Sie in jedem Fall ein Besuchervisum.

B-1   Besuchervisum, geschäftlich

Zielgruppe:	Im internationalen Handel/Dienstleistungsbereich tätige Geschäftsleute, Famulanten (Medizinstudenten) an amerikanischen Universitätskrankenhäusern, Rechtsreferendare in einer Wahlstation.
Aufenthaltsdauer:	Die Aufenthaltsdauer wird von der Einwanderungsbehörde gemäß dem Zweck der Reise gewährt, Aufenthaltsverlängerungen sind möglich.
Arbeit in den USA:	Geschäftstätigkeit für Ihre (ausländische) Firma, über die Sie das Visum erhalten haben und durch die Sie bezahlt werden.
Visumantrag:	Die erforderlichen Formblätter und sonstigen notwendigen Unterlagen für Ihren Visumantrag

entnehmen Sie bitte der Website der Botschaft. Einen Interviewtermin können Sie nur telefonisch beim Visa-Informationsdienst vereinbaren: In Deutschland unter der Rufnummer 0190-850055 (1,86 Euro/Minute), in Österreich unter der Nummer 0900-510300 (2,16 Euro/Minute) und in der Schweiz unter 0900-878442 (2,50 Schweizer Franken/Minute). Beim Anruf sollten Sie Ihren Pass parat halten.

Status:	Eine Änderung des Besucherstatus ist grundsätzlich möglich, liegt aber im Ermessen der Einwanderungsbehörde. Bei Verletzung des Status, z. B. durch die Aufnahme einer neuen bzw. anderen Arbeit, eines Studiums oder durch Überschreitung der zugebilligten Aufenthaltsdauer ohne vorherige Genehmigung, verlieren Sie Ihr zeitlich befristetes Aufenthaltsrecht in den USA und werden bei einer späteren Visabeantragung mit Schwierigkeiten rechnen müssen.
Besonderheiten:	Detailinformationen, übrigens auch zu möglichen Gründen für die Verweigerung eines Visums, finden Sie auf der Website der US-Botschaft unter „Visainformationen". Eine Verlängerung des Aufenthalts beantragen Sie beim USCIS mit dem Formblatt I-539.

B-2   Besuchervisum, privat

Zielgruppe:	Touristen, Besucher, Patienten.
Aufenthaltsdauer:	Die Aufenthaltsdauer wird von der Einwanderungsbehörde gemäß dem Zweck der Reise gewährt, Aufenthaltsverlängerungen sind möglich.
Arbeit in den USA:	Nicht erlaubt sind bezahlte und unbezahlte Tätigkeiten, Studium, Arbeitsplatzsuche; erlaubt ist dagegen die Suche nach einem Ausbildungsplatz.
Visumantrag:	Der Visumantrag beinhaltet dieselben Elemente wie der B-1-Antrag (siehe Website der Botschaft).
Status:	Eine Änderung des Besucherstatus ist grundsätzlich möglich, liegt aber im Ermessen der Einwan-

derungsbehörde. Bei Verletzung des Status, z. B. durch die Aufnahme einer Arbeit, eines Studiums oder durch Überschreitung der gewährten Aufenthaltsdauer, verlieren Sie Ihr zeitlich befristetes Aufenthaltsrecht in den USA und werden bei einer späteren Visabeantragung mit Schwierigkeiten rechnen müssen.

F-1, M-1   Studentenvisum, akademisch F-1 und nichtakademisch, M-1

Neben dem F-Visum für akademische Studien gibt es das M-Visum für nichtakademische oder berufsbezogene Studien.

Zielgruppen: Universitätsstudenten und High-School-Schüler, Teilnehmer an Sprachkursen, Personen in nichtakademischer und/oder berufsbezogener Ausbildung.

Aufenthaltsdauer: F-1-Studien: Studien- bzw. Kursdauer plus 60 Tage. M-1-Studien: Studien- bzw. Kursdauer plus 30 Tage.

Arbeit in den USA: M-1-Schüler dürfen keine Arbeit annehmen, mit Ausnahme einer vorübergehenden Beschäftigung in Form eines ausbildungsbezogenen Praktikums.

F-1-Schüler und -Studenten dürfen während des ersten Jahrs zu keiner Zeit eine Beschäftigung außerhalb des Schul- oder Universitätsgeländes aufnehmen. Nach einem Jahr kann die Einwanderungsbehörde unter bestimmten Voraussetzungen eine Beschäftigung bewilligen. Familienmitglieder (F-2, M-2) dürfen keiner bezahlten oder nichtbezahlten Tätigkeit nachgehen.

Visumantrag: Alle Antragsteller für ein F-oder M-Visum müssen ihren Antrag persönlich in der für sie zuständigen Konsularabteilung einreichen. Sie müssen darüber hinaus unter den oben angegebenen Telefonnummern des Visum-Informationsdienstes einen Interviewtermin vereinbaren. Bei diesem Termin werden auch biometrische Daten von Ihnen erfasst und in eine Datensammlung eingespeist. Die Wartezeiten

Visumantrag:
F-1/M-1

für einen Interviewtermin können Sie den Informationen auf der Website der Botschaft entnehmen.

Sie müssen die Aufnahme in einen regulären Studiengang (Full Course of Study) an einer staatlich anerkannten Bildungseinrichtung nachweisen. Dafür benötigen Sie von der Schule, Universität oder berufsbildenden Einrichtigung (dem „Sponsor"), eine ausgefüllte und unterschriebene „Bescheinigung der Zulassungsfähigkeit für ein Nichteinwanderungsvisum mit Studentenstatus für akademische und Sprachstudenten" (F-1: Formblatt I-20A-B) bzw. die „Bescheinigung der Zulassungsfähigkeit für ein Nichteinwanderungsvisum (M-1) mit Studentenstatus für Teilnehmer an berufsbildenden Kursen" (M-1: Formblatt I-20 M-N), das so genannte Certificate of Eligibility, in dem das gewünschte Anfangs- und das Ablaufdatum angegeben werden. Das Visum wird nur für diesen Zeitraum erteilt.

Die weiteren erforderlichen Formblätter und sonstigen Unterlagen für Ihren Visumantrag entnehmen Sie bitte der Website der Botschaft.

In jedem Fall müssen Sie den Nachweis Ihrer Absicht erbringen, die USA nach Beendigung Ihrer Studien wieder zu verlassen. Wie Sie diesen Nachweis erbringen, hängt von Ihren persönlichen Lebensumständen ab. Wie das Visum-Interview im Konsulat abläuft, erfahren Sie auf der Website der FH-Hannover:

- wwwserv1.rz.fh-hannover.de/usa/ visuminterview.htm

Darüber hinaus müssen Sie dem Konsulat nachweisen, dass:

- Sie über ausreichend finanzielle Mittel für den USA-Aufenthalt verfügen (F-1: zunächst für das erste Jahr und eine Erklärung für die Folgejahre; M-1: für die Gesamtdauer Ihres Aufenthalts),
- Ihre Englischkenntnisse ausreichen.

Status:	Eine Änderung des Studentenstatus ist grundsätzlich möglich, liegt jedoch im Ermessen der Einwanderungsbehörde. Die Verlängerung wird in den meisten Fällen ohne Probleme gewährt, Sie werden dafür aber zunächst in Ihr Heimatland zurückkehren müssen. Doch Vorsicht: Eine Verletzung des Status, z. B. Arbeitsaufnahme ohne vorherige Genehmigung durch den USCIS, führt zur Beendigung der Aufenthaltserlaubnis.
Besonderheiten:	Akademische Voraussetzungen, Bearbeitungsdauer, Antragszeiträume, Sicherheitshinweise und Nachweise über verfügbare Finanzmittel werden auf der Website der US-Botschaft detailliert beschrieben.

H-1B Arbeitsvisum, vorübergehende Beschäftigung von Hochqualifizierten

Zielgruppe:	Spezialisten mit akademischer Ausbildung, aber auch Mannequins/Models.
Aufenthaltsdauer:	Normalerweise ein bis drei Jahre; eine Verlängerung auf sechs Jahre ist möglich.
Arbeit in den USA:	Abhängige Beschäftigung im Bereich der Spezialisierung. Ein Wechsel zu einem anderen Arbeitgeber ist nur möglich, nachdem der neue Arbeitgeber die erforderliche Genehmigung vom DOL (Department of Labor, Arbeitsministerium) erhalten hat.
Visumantrag:	Zweiteiliger Prozess der H-1B-Petition: Sie müssen zuvor dem USCIS belegen, dass Ihr US-Arbeitgeber eine Labor Condition Application (LCA) gestellt hat. Weiterhin müssen Sie dem USCIS mit Dokumenten Ihre Eignung für die vorgesehene Stelle nachweisen können (I-129 Petition). Wenn der USCIS diese genehmigt hat, können Sie mit dem Original des Formblatts I-797 (Notice of Action/ Approval) das Visum beantragen. Vorausgesetzt wird mindestens ein dem Bachelor entsprechender Abschluss im Spezialgebiet sowie theoretische und praktische Erfahrung. Ohne akademische Ausbildung benötigen Sie eine gleichwertige Ausbildung

sowie überzeugende berufliche Erfolge. Die Faustregel lautet: Drei Jahre Praxis wiegen ein Jahr Studium auf. Die weiteren erforderlichen Formblätter und sonstigen Unterlagen für Ihren Antrag entnehmen Sie bitte der Website der Botschaft.

H-2A   Arbeitsvisum, saisonale Beschäftigung in der Landwirtschaft

Zielgruppe:	Zeitarbeiter in der Landwirtschaft.
Aufenthaltsdauer:	Normalerweise bis zu einem Jahr, zweimal ist die Verlängerung um je ein Jahr möglich.
Arbeit in den USA:	Die Tätigkeit selbst muss zeitlich begrenzt oder saisonal sein, nicht nur das Arbeitsverhältnis.
Visumantrag:	Der Arbeitgeber muss dem Arbeitsministerium (DOL) nachweisen, dass er für diese zeitlich begrenzte Arbeit trotz Suche keine Arbeitnehmer auf dem US-amerikanischen Arbeitsmarkt gefunden hat. Die erforderlichen Formblätter und sonstigen Unterlagen für Ihren Visumantrag entnehmen Sie bitte der Website der Botschaft.

H-2B   Arbeitsvisum, vorübergehende Beschäftigung von Facharbeitern

Zielgruppe:	Zeitarbeiter außerhalb der Landwirtschaft.
Aufenthaltsdauer:	Normalerweise bis zu einem Jahr, zweimal ist die Verlängerung um je ein Jahr möglich.
Arbeit in den USA:	Die Tätigkeit selbst muss zeitlich begrenzt oder saisonal sein, nicht nur das Arbeitsverhältnis. Dieses Visum ist z. B. gedacht für Handwerker, Bauhandwerker, Ausbilder, Tätigkeiten in Feriencamps und Unterhaltungskünstler, die nicht die Qualifikation für O- oder P-Visum haben.
Visumantrag:	Wie beim H-2A-Visum muss auch hier der Arbeitgeber dem Arbeitsministerium (DOL) nachweisen, dass er für diese zeitlich begrenzte Arbeit trotz Suche keine Arbeitnehmer auf dem amerikanischen

Arbeitsmarkt gefunden hat. Die erforderlichen
Formblätter und sonstigen Unterlagen für Ihren
Visumantrag entnehmen Sie bitte der Website der
Botschaft.

H-3 Arbeitsvisum, Praktikanten im nichtakademischen Bereich

Zielgruppe: Trainees in Ausbildungsprogrammen, die nicht
im Heimatland des Antragstellers existieren, aber
für ihn dort wichtig sind.

Aufenthaltsdauer: Für die Dauer des Trainee-Kurses, maximal 24
Monate.

Arbeit in den USA: Nur im Rahmen des Trainee-Programms.

Visumantrag: Ihr Sponsor muss dem USCIS auf dem I-129B-
Petition-Formular das Ausbildungsprogramm genau darlegen und zeigen, inwiefern die Ausbildung
im Heimatland des Antragstellers nicht möglich
ist. Sie müssen nachweisen, dass Sie nach Beendigung des Trainee-Programms in Ihr Heimatland
zurückkehren werden. Nach Genehmigung durch
den USCIS kann das Visum beantragt werden.
Als Trainee dürfen Sie eine gewisse finanzielle
Unterstützung durch den Arbeitgeber erhalten,
solange durch Ihre Tätigkeit kein amerikanischer
Arbeitnehmer ersetzt wird.

J-1 Austauschbesuchervisum

Zielgruppe: Lehrer, Professoren, Wissenschaftler, Studenten,
Praktikanten, Personen, die einen Ferienjob annehmen möchten, Au-pairs.

Aufenthaltsdauer: Unterschiedlich, hängt vom jeweiligen Austauschprogramm ab.

Arbeit in den USA: Bezahlte Tätigkeit nur im Rahmen des Austausch-
programms und wie auf dem DS-2019 Formblatt
angegeben. Bei Notfällen ist auch eine andere
Arbeit nach Genehmigung durch den Sponsor

und durch den USCIS möglich. Vollzeitarbeiten außerhalb der Semesterferien sind verboten. Vor dem Wechsel zu einer anderen Ausbildungsstätte müssen die Genehmigungen des ursprünglichen Sponsors und die des USCIS vorliegen.

Visumantrag: Alle Antragsteller für ein J-Visum müssen ihren Antrag persönlich in der für sie zuständigen Konsularabteilung einreichen. Sie müssen darüber hinaus unter den oben angegebenen Telefonnummern des Visa-Informationsdiensts einen Visum-Interviewtermin vereinbaren. Bei diesem Termin werden auch biometrische Daten von Ihnen erfasst und in eine Datensammlung eingespeist. Die Wartezeiten für einen Interviewtermin können Sie den Visainformationen auf der Website der Botschaft entnehmen. Halten Sie beim Anruf bitte Ihren Pass bereit.

Ihre Austauschorganisation muss vom Department of State anerkannt sein, um als Sponsor auftreten zu können. Die Organisation wird Ihnen für den Visumantrag das Formblatt DS-2019 ausstellen. Sie sollten sobald wie möglich nach Erhalt des DS-2019-Formblatts Ihr Visum beantragen. Ihre Einreise ist frühstens 30 Tage vor Beginn des Studiums/Praktikums möglich. Die weiteren erforderlichen Formblätter und sonstigen Unterlagen für Ihren Visumantrag entnehmen Sie bitte der Website der Botschaft. Sie müssen über ausreichende Englischkenntnisse verfügen, ein klar formuliertes Bildungsziel mit Ihrem USA-Aufenthalt verfolgen und Ihre Rückkehrwilligkeit nach Beendigung des Austauschs ausdrücklich erklären.

Status: Nach Beendigung des Austauschs müssen Sie, sofern Ihr Austauschprogramm von der deutschen oder der amerikanischen Regierung finanziell unterstützt wurde, mindestens zwei Jahre in Ihrem Heimatland verbringen, bevor Sie ein Visum der Kategorien H, L oder ein Einwanderungsvisum für die USA beantragen können.

J-2   Austauschbesuchervisum

Zielgruppe:	Ehepartner und Kinder unter 18 Jahren des J-1-Visum-Inhabers.
Aufenthaltsdauer:	Wie Hauptvisum.
Arbeit in den USA:	Mit Genehmigung durch den USCIS darf der Ehepartner für den eigenen Unterhalt arbeiten, nicht aber zur finanziellen Unterstützung des J-1-Visum-Inhabers. Der entsprechende Antrag muss das komplette Familienbudget mit Einkommen und Ausgaben der gesamten Familie nachweisen.

L-1A/B und L-2   Firmeninterne Versetzung

Zielgruppe:	Leitende Angestellte (Executives, Managers), die für ihre (ausländische) Firma/Tochterfirma in die USA entsandt werden, Angestellte von Wirtschaftsprüfungsunternehmen, Spezialisten ohne Leitungsfunktion sowie Ehepartner und Kinder unter 21 Jahren.
Aufenthaltsdauer:	Bis zu sechs Jahre, Spezialisten nur fünf Jahre.
Arbeit in den USA:	Schlüsseltätigkeit in der Firma bzw. Tochterfirma, Wirtschaftsprüfungen. Familienmitglieder dürfen inzwischen eine bezahlte Arbeit aufnehmen. Der Ehepartner muss in die USA mit dem L-2-Visum einreisen und das ausgefüllte Formular I-765, das es bei der Einwanderungsbehörde gibt, zusammen mit der Antragsgebühr einreichen. Die Bearbeitungsdauer beträgt ca. vier bis fünf Monate. Nach Erhalt der Arbeitserlaubnis (Notice of Approval) kann man eine Sozialversichungsnummer vom lokalen Sozialversicherungsamt bekommen.
Anmerkung:	Firmen, die seit Jahren Personal entsenden, bedienen sich meist der so genannten Blanket Petitions, um ihre Visa zu beantragen.

Beteiligte Behörden bei der Visavergabe

Bei der Erteilung der Visa wirken drei Behörden mit:

- US Department of State (DOS) durch seine Konsulate und Botschaften,
- Department of Labor (DOL) für die Erteilung der Arbeitserlaubnis (Labor Certification),
- United States Citizenship and Immigration Service (USCIS) für die Genehmigung der Petitionen und der Einreise sowie die Dauer des Aufenthalts. In älteren Dokumenten und auf einigen Sites der US-Botschaft finden Sie auch noch die alte Bezeichnung Immigration and Naturalisation Service (INS).

Die Konsularbeamten beurteilen, ob Sie:

- für das jeweilige Visum qualifiziert sind,
- nach Beendigung Ihres Aufenthalts in den USA zu Ihrer Arbeitsstelle in Ihrer Heimat zurückkehren werden,
- glaubhaft machen können, dass Sie Ihren Wohnsitz dort beibehalten werden,
- in Ihrem Heimatland Investitionen oder Werte wie z. B. Immobilien besitzen,
- in Ihrem Heimatland eine eigene Familie haben, die dort bleibt.

Wenn Ihre Antworten auf diese Fragen hauptsächlich Nein lauten, können Sie davon ausgehen, dass Ihnen das Konsulat kein Visum erteilen wird. Man wird eher annehmen, dass Sie gar nicht in Ihre Heimat zurückkehren wollen, sondern dass Sie die geheime Absicht hegen, auf Dauer in den USA zu bleiben. Sie müssen daher das Konsulat mit Ihren dem Visumantrag beigefügten Unterlagen davon überzeugen, dass die Auswahlkriterien des von Ihnen beantragten Visums auf Sie zutreffen, dass Sie „eligible", d. h. qualifiziert sind!

Für fast jedes Non-Immigrant-Visum benötigen Sie Dokumente, die beweisen, dass Sie alle Anforderungen des umfangreichen Katalogs erfüllen. Dazu gehören z. B. Heiratsurkunden, Einstellungsverträge, Steuererklärungen, Schulabschlusszeugnisse, Diplome, Zeugnisse von vorherigen Arbeitgebern, Nachweise über weitere Tätigkeiten usw.

Wenn Ihre Visumkategorie eine gewisse Bekanntheit erfordert, belegen Sie sie mithilfe von Zeitungsausschnitten, Preisen, die Sie gewonnen haben, Veröffentlichungen, Empfehlungsschreiben anderer bekannter Leute Ihres Fachs. Es zählen nur Dokumente mit entsprechender Beweiskraft, keine Behauptungen.

Die Aufgabe des DOL besteht u. a. darin, den Antrag eines US-amerikanischen Arbeitgebers auf Beschäftigung eines Ausländers (Labor Condition Application) zu überprüfen. Erst nachdem der amerikanische Arbeitgeber vom DOL eine Genehmigung (Labor Certification) erhalten und Ihnen zugeschickt hat, können Sie Ihr Visum beantragen. ´

Der USCIS überprüft bei Ihrer Einreise,

- ob das Ihnen erteilte Visum überhaupt dem Zweck Ihrer Einreise entspricht,
- ob Sie bei vorherigen USA-Aufenthalten Ihren Status, den Sie laut Visum hatten, verletzt, d. h. in der Regel eine bezahlte Tätigkeit aufgenommen haben, ohne Erlaubnis oder bevor die formelle Arbeitserlaubnis vorlag, oder ob Sie bei vorherigen USA-Aufenthalten länger geblieben sind, als Sie es nach dem Einreiseformular I-94 (nicht dem Visum!) durften,
- ob Sie eine Arbeit mit Vergütung in Form von Unterkunft und/ oder Taschengeld aufnehmen wollen, obwohl Sie keine Arbeitserlaubnis (beantragt) haben.

Wenn der USCIS-Beamte feststellt, dass Sie gegen die Einreise- bzw. Einwanderungsbestimmungen verstoßen, ist er berechtigt, die Einreise zu verweigern und Sie unverzüglich zurückzuschicken, auch wenn Sie ein gültiges Visum haben. Sie haben dann die Möglichkeit, Widerspruch einzulegen. Achtung: Wenn sie unter dem Visa-Waiver-Programm einreisen, verzichten Sie durch Ihre Unterschrift auf die Möglichkeit eines Widerspruchs.

Einige Tipps zur Visabeschaffung

- Überlegen Sie genau, welche Art von Visum Sie wirklich benötigen und verfolgen Sie dieses Ziel.

- Halten Sie sich bei jedem Schritt an die Regeln und Vorschriften. Wenn Sie sie verletzen, verringern Sie Ihre Aussichten auf Erfolg.

- Die Kunst beim Ausfüllen von Formularen liegt in der Konsistenz. Machen Sie sich daher von jeder Korrespondenz mit dem USCIS Kopien und machen Sie beim Ausfüllen der Formulare keine widersprüchlichen Angaben.

- Beantworten Sie alle Fragen auf den Fragebögen. Wenn Sie meinen, dass Fragen Sie nicht betreffen, beantworten Sie sie mit N/A (Not Applicable).

- Zeigen Sie durch die entsprechenden Dokumente, dass Sie die Anforderungen Ihrer Visumkategorie erfüllen.

- Versuchen Sie nicht, Ihre Chancen zu testen, wenn Sie dem Anforderungsprofil nicht genügen.

- Fügen Sie nichts hinzu, nur um zu zeigen, dass Sie darüber hinaus eine „wertvolle Person" sind.

- Klären Sie, ob Sie sich eigenständig mit guten Aussichten auf Erfolg um Ihr Visum bewerben können (Sprachkenntnisse, erforderliche Dokumente) oder ob Sie Ihre Erfolgschancen mit Hilfe eines Rechtsanwalts (Immigration Lawyer) verbessern können. Bitte bedenken Sie: Wenn Sie für das beantragte Visum nicht qualifiziert sind, wird auch ein Rechtsanwalt daran nichts ändern können.

- Verschiedene Dokumente müssen Sie staatlich (nicht notariell) beglaubigen lassen, z. B. Zeugnisse über Ihre Ausbildung, akademische Titel, berufliche Tätigkeit, und Ihrem Visumantrag beifügen.

- Seien Sie darauf vorbereitet, dass das ganze Antragsverfahren mehrere Monate dauern kann und halten Sie durch.

- Bringen Sie alle Anträge und Dokumente zum Interviewtermin mit. Die Beantragung per Post ist nicht möglich.

- Machen Sie sich von allen Briefen, Dokumenten usw. Kopien, damit Sie immer ein komplettes Dossier haben und sich bei Rückfragen nicht in Widersprüche verwickeln.

So, und nun viel Erfolg!

Im Internet können Sie sich auf folgenden Websites zum Thema „Visa" schlau machen:

- Die Amerikanische Botschaft in Deutschland
  www.us-botschaft.de/travel/d41.htm

  Die Website der Botschaft ist eine wahre Fundgrube und gliedert sich in folgende Abschnitte:

    - Allgemeine Visainformationen,
    - Beruflich in den USA,
    - Austausch, Studium, Praktika, Au-Pair,
    - Einwanderung,
    - Gebühren, Adressen, Visainformationsdienst.

- USCIS
  www.uscis.gov

  USCIS steht für „U.S. Citizenship and Immigration Services". Dies ist die für die Erteilung von Visa zuständige Behörde des Justizministeriums. Auf der Website von USCIS finden Sie viele Informationen u. a. zu den Themen:

  - Immigration Services and Benefits Programs,
  - Immigration Laws and Regulations,
  - Immigration Forms, Fees and Fingerprints.

  Sie können Online jede Menge Formulare herunterladen.

- US Department of State
  www.travel.state.gov/visa_services.html

  Auch das Außenministerium betreibt eine Site zum Thema „Visa Services". Dort können Sie die gesetzlichen Visabestimmungen für alle Zielgruppen aufrufen, wie z. B. Visitor and Student Visa, Immigrant Visa, Employment Visa.

Natürlich gibt es in den USA und in Deutschland auch eine Reihe von Anwälten, die als Auswandererberater arbeiten (Immigration Lawyers). Geben Sie „USA" und „Visa" in Ihre Suchmaschine ein – und Sie finden leicht Berater.

12 Administratives

12.1 Krankenversicherung

Krankenversicherung und Lohnfortzahlung im Krankheitsfall sind in den USA gesetzlich nicht geregelt. Anspruch auf staatliche Krankenversicherung, Medicare, haben nur bestimmte Gruppen, z. B. ältere Menschen über 65 Jahre oder Familien mit Kindern, die Sozialhilfe beziehen. Allerdings sind zwei Drittel der Arbeitnehmer über den Arbeitgeber (privat) krankenversichert. Dies trifft vor allem auf größere Firmen zu. Dort tragen die Arbeitgeber häufig auch Teile der Versicherungsbeiträge.

Falls Sie vorhaben, in den USA zu arbeiten, sollten Sie darauf achten, dass in Ihrem Arbeitsvertrag die Krankenversicherung zu Ihren so genannten Perks gehört. Lassen Sie ebenfalls die Anzahl der bezahlten Krankheitstage festlegen. Generell sollten Sie unbedingt dafür Sorge tragen, dass Sie ausreichend medizinisch versichert sind, da die Arzt- und Krankenhauskosten relativ hoch ausfallen. Es ist leicht, sich für einen kurzen USA-Besuch bei einer Krankenkasse zu versichern – bei längeren Aufenthalten wird es schwieriger und teurer. Bei einer Entsendung durch Ihre Firma können Sie bei Ihrer deutschen Krankenkasse versichert bleiben. Informationen zur Krankenversicherung erhalten Sie hier:

- Deutsche Verbindungsstelle Krankenversicherung – Ausland
  www.dvka.de/oeffentlicheSeiten/dvka_home.html
    - Merkblatt „Beschäftigung in den USA"

- Agency for Healthcare Research and Quality
  www.ahcpr.gov/browse/insurance.htm

    Aktuelle Informationen über die Krankenversicherung in den USA finden Sie auf dieser Site insbesondere in dem Artikel „Checkup on Health Insurance Choices". Hier erfahren Sie, welche Alternativen es auf dem amerikanischen Versicherungsmarkt gibt. Eine Checkliste hilft den Lesern dabei, herauszufinden, welche Versicherungsart für Sie die beste ist. Auch Fachtermini werden erklärt – absolut lesenswert!

12.2   Sozialversicherung

Wer in den USA arbeitet, unterliegt der amerikanischen Sozialversicherungspflicht, es sei denn, man wird von einem deutschen Unternehmen für nicht länger als fünf Jahre dorthin entsendet. Die Sozialversicherung umfasst die Alters-, Hinterbliebenen- und Invaliditätsrente sowie Arbeitslosen- und Sozialhilfe. Die Beiträge zur Sozialversicherung werden vom Arbeitgeber einbehalten. Zwischen Deutschland und den USA gibt es seit 1976 ein Abkommen zur Sozialen Sicherheit. Darin wird festgelegt, wie die gesetzliche Rente geregelt wird, wenn die Arbeitgeber in beiden Staaten Ansprüche erworben haben. Im Internet können Sie auf der BfA-Site unter „International" die Broschüre „Zwischenstaatliche Regelungen mit den Vereinigten Staaten von Amerika" einsehen und als PDF-Datei herunterladen. Unter anderem werden hier die Fragen beantwortet:

- Kann ich die Rente auch im Ausland erhalten?
- Was ist mit meiner Kranken- und Pflegeversicherung?

Auch das „Social Security Handbook" können Sie im Internet aufrufen, das Informationen zu allen Sozialversicherungsprogrammen gibt. Beachten Sie die häufig gestellten Fragen unter „Answers to your Questions". Auch die Formulare, mit denen man eine Sozialversicherungskarte beantragen kann, können Sie hier abrufen:

- Social Security Handbook
  www.ssa.gov/OP_Home/handbook

Informationen erhalten Sie außerdem bei der:

- Social Security Administration
  Office of International Operations – Totalization
  P.O. Box 17049
  Baltimore, Maryland 21235 USA
  www.ssa.gov

- Bundesversicherungsanstalt für Angestellte
  Ruhrstraße 2
  10709 Berlin
  Tel.: +49(0)30-8651
  Fax: +49(0)30-86527240
  www.bfa.de

• Deutsche Verbindungsstelle Krankenversicherung –Ausland
Pennefeldsweg 11–15
53177 Bonn
Tel.: +49(0)2289530 0
Fax: +49(0)2289530 600
www.dvka.de

12.3 Arbeitsvertrag

Schriftliche Arbeitsverträge gibt es üblicherweise nur für leitende Positionen.
Ausländer sollten aber auf der schriftlichen und damit verbindlichen Festlegung der ausgehandelten Punkte bestehen. Folgende Aspekte sind zu klären:

• Date of Validity,
• Place of Work,
• Job Title and Responsibilities,
• Working Hours, Overtime and Compensation
• Vacation,
• Salary and Benefits,
• Social Security,
• Sick Pay, Health Insurance,
• Company Pension Plan,
• Unemployment Insurance,
• Probationary and Notice Periods,
• Dismissal,
• Education and Training.

Die Arbeitszeit ist in Tarifverträgen definiert (überwiegend 40 Stunden pro Woche). Unbezahlte Überstunden werden von allen Angestellten einer Firma erwartet, von der Sekretärin bis hin zum Manager. Der Mindestlohn ist gesetzlich geregelt. Es gibt keinen gesetzlichen Kündigungsschutz in den USA, sondern „employment at will", d. h. beide Seiten können kurzfristig ohne Angabe von Gründen kündigen.

Der Urlaub umfasst im Allgemeinen zehn Tage, wenn Sie älter sind bis zu 15 Tage. Dazu können Personal Days (ca. zwei bis acht Tage) kommen. Die Urlaubsdauer ist nicht gesetzlich geregelt, sondern Bestandteil von Kollektivverträgen. Informationen zu arbeitsrechtlichen Fragen erhalten Sie auf diesen Sites:

- US-Arbeitsministerium
  www.dol.gov/esa
  Hier finden Sie unter „State Labor Laws" Informationen, z. B.
  zum Thema „Mindestlöhne".

- FindLaw
  www.findlaw.com
  In der Sparte „Employment" finden Sie unter „Employees Right"
  Informationen zu Fragen, die Arbeitnehmer betreffen, wie z. B.:
    - Age Discrimination,
    - Health and Safety,
    - Asserting your Rights in the Workplace,
    - Labor and Employment Laws.

Detaillierte Informationen zum Arbeitsrecht und ein Muster eines amerikanischen Arbeitsvertrags finden Sie in der folgenden Broschüre der
deutsch-amerikanischen Auslandshandelskammer:

- *Der deutsche Arbeitnehmer in den USA*
  Olaf Sachner
  GACC Publication Services, New York, N.Y. 10019-4092

12.4 Steuern

Vom amerikanischen Gehalt werden direkt einbehalten:

- Bundessteuern,
- Steuern der Einzelstaaten,
- kommunale Steuern,
- Sozialversicherungsbeitrag.

Zwischen Deutschland und den USA wurde 1989 ein Abkommen zur
Vermeidung der Doppelbesteuerung geschlossen. Klären Sie vor Ihrer
Abreise mit dem Finanzamt alles Nötige.

Die deutsch-amerikanische Auslandshandelskammer kann Ihnen Steu-
erberater nennen.

Detaillierte Informationen finden Sie in der Broschüre des Bundesverwaltungsamts:

- *Vereinigte Staaten von Amerika*
  Informationen für Auswanderer und Auslandstätige
  Oktober 2000

Generell werden in den USA zwar niedrigere Gehälter als in Deutschland gezahlt, allerdings zahlt man in Amerika auch weniger Steuern. Detaillierte Informationen über das amerikanische Steuersystem erhalten Sie auf der Site der amerikanischen Steuerbehörde:

- Internal Revenue Service IRS.gov
  www.irs.ustreas.gov

  Besonders interessant ist hier die Sparte „Individuals", die gegliedert ist in Employees, Farmers, International Taxpayers, Self-Employed, Seniors and Retirees, Students.

 Tipp !

Noch Fragen? Dann nutzen Sie die kurzen, prägnanten Infos, die „Life in the USA" Ihnen online zu verschiedenen administrativen Aspekten zur Verfügung stellt:

- *Life in the USA*
  www.lifeintheusa.com

  Zum Beispiel erfahren Sie hier, welche die „Documents of American Life" sind, nämlich:

  - *Driver's License,*
  - *Social Security Site,*
  - *Proof of Residence,*
  - *Bank Accounts,*
  - *Credit Cards,*
  - *Insurance Documents,*
  - *Student Identification.*

12.5 Feiertage

Damit Sie bei Ihren Recherchen in den USA nicht vor verschlossenen Bibliotheken und Buchhandlungen stehen, nennen wir Ihnen die amerikanischen Feiertage (Federal Holidays):

- 1. Januar: New Year's Day

- Dritter Montag im Januar: Martin Luther King Day

- Dritter Montag im Februar: Presidents' Day

- Letzter Montag im Mai: Memorial Day

- Erster Montag im September: Labour Day
- Zweiter Montag im Oktober: Columbus Day
- 11. November: Veterans' Day
- 4. Donnerstag im November: Thanksgiving Day
- 25. Dezember: Christmas Day

Und zum Schluss noch zwei lohnende Internetadressen:

- Best Places to Live
  http://money.cnn.com/best/bplive

  Wenn Sie nicht sicher sind, in welcher amerikanischen Stadt Sie leben möchten, hilft Ihnen diese Site vielleicht weiter: „Find your best place" ist das Motto. Unter „Quick Search" können Sie angeben, wie wichtig Ihnen Faktoren wie Wetter, Einkommen, Höhe der Steuern, Kriminalitätsrate, Nähe zu Flughäfen, Umweltverschmutzung, Kulturprogramm etc. sind und herausfinden, welche Stadt Ihren Ansprüchen entspricht. Sie finden Daten zu 300 amerikanischen Städten.

- State and Local Government on the Net
  www.statelocalgov.net

  „A directory of official state, county and city government websites." Das ist nicht zu viel versprochen. Hier finden Sie Links zu verschiedenen offiziellen Websites der US-Bundesstaaten. Zu jedem Staat, von Alabama bis Wyoming, können Sie eine Fülle von Informationen aufrufen:

  - State Home Page,
  - Legislative Branch,
  - Judicial Branch,
  - Executive Branch,
  - Boards and Commissions,
  - Cities,
  - Towns.

12.6 Kontaktadressen

Botschaften und Konsulate in Deutschland, Österreich und der Schweiz

Deutschland

- Botschaft der Vereinigten Staaten von Amerika
  Neustädter Kirchstraße 4-5
  10117 Berlin
  Tel.: +49(0)30-8305 0
  Fax: +49(0)30-238 6290
  www.usai.gov/posts/bonn.html

Generalkonsulate der Vereinigten Staaten von Amerika

Für Visaangelegenheiten sind die beiden Generalkonsulate in Berlin und Frankfurt zuständig.

- Generalkonsulat der Vereinigten Staaten von Amerika
  Clayallee 170
  14195 Berlin
  Tel.: +49(0)30-832 4087/4088
  Fax: +49(0)30-831 4926

  Telefonische Visainformation:
  (0190) 850055 (1,86 Euro/ Minute)

- Generalkonsulat der Vereinigten Staaten von Amerika
  Siesmayerstraße 21
  60323 Frankfurt am Main
  Tel.: +49(0)69-7535 0
  Fax: +49(0)69-7535 2277

  Telefonische Visainformation:
  (0190) 850055 (1,86 Euro/ Minute)

- Generalkonsulat der Vereinigten Staaten von Amerika
  Alsterufer 27-28
  20354 Hamburg
  Tel.: +49(0)40-411 711 00
  Fax: +49(0)40-411 711 222

- Generalkonsulat der Vereinigten Staaten von Amerika
  Clayallee 170
  14195 Berlin
  Tel.: +49(0)30-832 4087/4088
  Fax: +49(0)30-831 4926

- Generalkonsulat der Vereinigten Staaten von Amerika
  Willy-Becker-Allee 10
  40227 Düsseldorf
  Tel.: +49(0)211-78889 27
  Fax: +49(0)211-78889 38

- Generalkonsulat der Vereinigten Staaten von Amerika
  Wilhelm-Seyfferth-Straße 4
  04107 Leipzig
  Tel.: +49(0)341-21384 0
  Fax: +49(0)341-21384 71

- Generalkonsulat der Vereinigten Staaten von Amerika
  Königinstraße 5
  80539 München
  Tel.: +49(0)89-28 880
  Fax: +49(0)89-280 9998

- American Chamber
  of Commerce in Germany
  Rossmarkt 12
  60311 Frankfurt/Main
  Tel.: +49(0)69-929104 0
  Fax: +49(0)69-929104 11
  www.amcham.de

Österreich

- Botschaft der Vereinigten
  Staaten von Amerika
  Boltzmanngasse 16
  A-1090 Wien
  Tel: +43(0)1-31 339
  Fax: +43(0)1-31 00682
  www.usembassy.at
- American Chamber
  of Commerce in Austria
  Porzellangasse 35
  A-1090 Wien
  Tel.:   +43(0)1-319 57 51
  Fax: +43(0)1-319 51 51
  www.amcham.or.at

Schweiz

- Botschaft der Vereinigten
  Staaten von Amerika
  Jubiläumsstraße 93
  CH-30 01 Bern
  Tel: +41(0)31-3577 011
  Fax: +41(0)31-3577 344
  http://bern.usembassy.gov

- Swiss-American Chamber
  of Commerce
  Talacker 41
  8001 Zürich
  Tel.:   +41(0)43-443 7200
  Fax: +41(0)43-497 2270
  www.amcham.ch

Botschaften und Konsulate in den USA

- Botschaft der Bundesrepublik
  Deutschland
  Embassy of the Federal
  Republic of Germany
  4645 Reservoir Road
  Wahington, DC 20007-1998
  Tel: +1(0)202-298 4000
  Fax: +1(0)202-298 4249
  www.germany-info.org

*Generalkonsulate der Bundes-
republik Deutschland gibt es in
den Städten Atlanta, Boston,
Chicago, Houston, Los Angeles,
Miami, New York, San Francisco
und Washington DC.*

- Botschaft der Bundesrepublik
  Österreich
  Embassy of the Federal
  Republic of Austria
  3524 International Court N.W.
  Washington D.C. 20008
  Tel.:   +1(0)202-89567 00
  Fax: +1(0)202-89567 50
  www.bmaa.gv.at

*Österreichische Generalkonsulate
gibt es in den Städten Chicago,
Los Angeles, New York.*

- United States/Austrian
  Chamber of Commerce
  165 West 46th Street
  New York, NY, 10036
  Tel.: +1(0)212-819 0117
  Fax: +1(0)212-819 0345
  www.usatcham.com

- Botschaft der Schweiz
  in den USA
  Embassy of Switzerland
  2900 Cathedral Avenue NW
  Washington, D.C. 20008
  Tel.: +1(0)202-745 7900
  Fax: +1(0)202-387 2564
  www.swissemb.org

*Schweizer Generalkonsulate gibt
es in den Städten Los Angeles,
Atlanta, Chicago, Houston, New
York und San Francisco.*

Deutsch-amerikanische Kulturinstitute

- Carl-Schurz-Haus
  Kaiser-Joseph-Str. 266
  79098 Freiburg
  Tel.: +49(0)761-31645/7
  Fax: +49(0)761-39827

- Amerikazentrum/Curio Haus
  Rothenbaumchaussee 15
  20148 Hamburg
  Tel.: +49(0)40-4501 0422
  Fax: +49(0)40-4480 9698

- Deutsch-Amerikanisches
  Institut
  Sophienstr. 12
  69115 Heidelberg
  Tel.: +49(0)6221-6073 15
  Fax: +49(0)6221-6073 73

- Kennedy Infozentrum
  Ohlshausenstraße 10
  24118 Kiel
  Tel.: +49(0)431-586 999 3
  Fax: +49(0)431-586 999 5

- Deutsch-Amerikanisches
  Institut
  Gleissbühlstr. 13
  90402 Nürnberg
  Tel.: +49(0)911-23069 0
  Fax: +49(0)911-23069 23

- Deutsch-Amerikanisches
  Institut
  Stengelstraße 1
  66111 Saarbrücken
  Tel.: +49(0)681-3116 0
  Fax: +49(0)681-372624

- Deutsch-Amerikanisches
  Institut
  Karlstraße 3
  72072 Tübingen
  Tel.: +49(0)7071-79526 0
  Fax: +49(0)7071-79526 26

- Deutsch-Amerikanisches
  Zentrum
  James F. Byrnes Institut e.V.
  Charlottenplatz 17
  70173 Stuttgart
  Tel.: +49(0)711-22818 0
  Fax: +49(0)711-22818 40

- Bayrisch-Amerikanisches
  Zentrum
  Amerika Haus
  Karolinenplatz 3
  80333 München
  Tel.: +49(0)89-5525 370
  Fax: +49(0)89-5535 78

Deutsch-amerikanische Info-zentren

- Amerika-Haus
  IRC Berlin
  Hardenbergstr. 22-24
  10623 Berlin
  Tel.: +49(0)30-31107 406

- Amerika-Haus
  IRC Frankfurt
  Staufenstr. 1
  60323 Frankfurt/ Main
  Tel.: +49(0)69-971 448 20

- Amerikanisches General-konsulat
  IRC Hamburg
  Alsterufer 27
  20148 Hamburg
  Tel.: +49(0)40-413279 22

- Amerika-Haus
  IRC Köln
  Apostelnkloster 13-15
  50672 Köln
  Tel.: +49(0)221-2090 1470

- Amerika Haus
  IRC Leipzig
  Wilhelm-Seyfferth-Straße 4
  04107 Leipzig
  Tel.: +49(0)341-21384 25

- Amerikanisches General-konsulat
  IRC München
  Königinstraße 5
  80539 München
  Tel.: +49(0)89-288 8624

Deutsch-amerikanische Auslands-handelskammern

- German-American Chamber
  of Commerce, Inc.
  12 East 49th Street, 24th Floor
  New York, NY 10017
  Tel.: +1(0)212-974 8830
  Fax: +1(0)212-974 8867
  www.gaccny.com

- German-American Chamber of
  Commerce of the Midwest, Inc.
  401 North Michigan Ave.,
  Suite 3330
  Chicago, IL 60611-4212
  Tel.: +1(0)312-644 26 62
  Fax: +1(0)312-644 07 38
  www.gaccom.org

- German-American Chamber
  of Commerce of the Southern
  United States Inc.
  530 Means Street; Suite 120
  Atlanta, GA 30318
  Tel.: +1(0)404-586 68 00
  Fax: +1(0)404-586 68 20
  www.gaccsouth.com

- Representative of German
  Industry and Trade
  1627 I Street, N.W, Suite 550
  Washington, D.C. 20006
  Tel.: +1(0)202-659 47 77
  Fax: +1(0)202-659 47 79
  www.rgit-usa.com

Bewerben und Arbeiten in Kanada

13 Arbeiten in Kanada

13.1 Allgemeine Hinweise

Kanada ist nach wie vor eines der beliebtesten Auswanderungsziele. Rund 90 000 Ausländer reisen jedes Jahr ein, um dort für eine begrenzte Zeit zu arbeiten. Die Vereinten Nationen beschreiben Kanada als „The best place to live", was Lebensqualität, Gesundheitssystem, Kriminalitätsrate, Multinationalität und Umwelt betrifft.

Wenn Sie nach Kanada reisen, um sich dort erst einmal nur nach Arbeitsmöglichkeiten zu erkundigen, können Sie mit einem Touristenvisum bis zu sechs Monate im Land bleiben. Ein Urlaubsaufenthalt bringt Ihnen vielleicht noch keine feste Stelle, bietet Ihnen aber die Gelegenheit, sich vor Ort einen Überblick über den Arbeitsmarkt zu verschaffen, Kontakte zu potenziellen Arbeitgebern zu knüpfen und zu erfahren, was „the Canadian Way of Life" bedeutet.

Sie brauchen eine gültige Arbeitserlaubnis, wenn Sie in Kanada für eine befristete Zeit arbeiten möchten. Zu diesem Zweck müssen Sie mehrere Hürden überwinden:

- Sie müssen einen Arbeitgeber finden,
- die HRSDC-Behörde (Human Resources and Skills Department Canada), die kanadische Arbeitsverwaltung, muss Ihnen für Ihr Stellenangebot eine „Labour Market Information" oder „Confirmation of Job Offer" ausstellen,
- danach beantragen Sie beim CIC (Citizenship and Immigration Canada), dem Ministerium für Staatsbürgerschaft und Einwanderung, eine Arbeitserlaubnis.

Wenn Sie unbefristet, d. h. als Permanent Resident, in Kanada einreisen möchten, ist das unter bestimmten Voraussetzungen möglich, nämlich als:

- Investor,
- Unternehmer/Entrepreneur,
- Skilled Worker/Travailleur qualifié.

Wer als Skilled Worker einen Visumantrag stellt, muss unterschiedliche Aspekte in einem Punktesystem bewerten lassen. (vgl. Kapitel 17).

Generell gilt: Je besser Sie qualifiziert sind, desto größer sind Ihre Chancen auf ein Visum und eine Arbeitserlaubnis. Sie benötigen eine gute Ausbildung sowie berufliche Qualifikationen und Erfahrungen in einer Branche, in der es nicht viele kanadische Kandidaten gibt. Sprachkenntnisse spielen eine bedeutende Rolle: Sie sollten gut Englisch sprechen – und, wenn Sie in Québec arbeiten möchten, auch gut Französisch. Bedingung für eine Einreisebewilligung ist auch, dass Sie gesund sind und genügend eigene Mittel besitzen, um Ihren Lebensunterhalt für die ersten sechs Monate zu finanzieren. Zeigen Sie Enthusiasmus für den Job. Eine positive Einstellung während des ganzen Bewerbungsverfahrens ist wichtig.

Leichter ist es übrigens, eine Einreisegenehmigung nach Kanada zu bekommen, wenn man sich einem Austauschprogramm anschließt, beispielsweise dem „Working Holiday Visa Program", in dessen Rahmen die kanadische Regierung jedes Jahr jungen Leuten zwischen 18 und 35 Jahren Visa für einen bis zu 12-monatigen Arbeitsaufenthalt vergibt. Noch unkomplizierter ist es, wenn Sie von einer deutschen Firma entsandt werden, die in Kanada Niederlassungen hat.

 Fazit!

Die kanadischen Behörden achten sehr darauf, dass Einwanderer den Einheimischen keine Arbeitsplätze wegnehmen, sondern im Gegenteil in günstiger Weise etwas zum Arbeitsmarkt beitragen. Die Immigranten sollen die Lücken füllen, für die keine Kanadier zur Verfügung stehen und neues Know-how ins Land bringen. Deshalb die strengen Regelungen, die einen hohen bürokratischen Aufwand für die Arbeitgeber bedeuten. Das sollten Sie bei Ihrer Arbeitsuche berücksichtigen.

Im Internet gibt es viele Hinweise und Tipps zum Thema „Arbeiten in Kanada". Auch die Regierungssites der Provinzen sind in diesem Zusammenhang ergiebig. Gut gefallen hat uns beispielsweise:

- Ontario: Opening Doors
  www.edu.gov.on.ca/eng/general/postsec/openingdoors/newlife

  – How can I get a social insurance number?
  – How do I look for work in Ontario?
  – Where can I get help developing my job search strategy?

- How – and why – should I have my qualifications assessed?
- What steps must I take to register to work in a skilled trade and profession?
- Is financial support available for education or training?

Viele dieser Tipps sind übertragbar auf die Arbeitssuche in anderen Provinzen, also eine wertvolle Quelle für Auswanderungswillige. Dass qualifizierte Einwanderer willkommen sind, können Sie der Website entnehmen: „The provincial government values the high level of skills that many internationally trained people bring to Ontario."

13.2 Anerkennung von Abschlüssen und Qualifikationen

In Kanada ist es nicht selbstverständlich, dass ein Einwanderer automatisch in dem von ihm erlernten Beruf arbeiten kann. In vielen Fällen muss er zuvor die eigenen Qualifikationen (Degrees/Diplomas) anerkennen und seine Berufsausbildung und -erfahrung lizenzieren lassen. Schon auf der Website des Ministeriums für Staatsbürgerschaft und Einwanderung, des CIC, wird darauf hingewiesen:

- You may need to have your credentials (degrees/diplomas) assessed.
- You may have to be licensed.
- You may need to take additional courses.
- You may need to successfully complete examinations.
- You may need to take a job specific language test.

Die CIC-Website finden Sie unter:

- www.cic.gc.ca/English/skilled/work-1.html

Sinn und Zweck der Bewertung der im Ausland erworbenen Bildungsabschlüsse ist es, den kanadischen Arbeitgebern eine Hilfe an die Hand zu geben, den Bildungshintergrund der ausländischen Bewerber richtig einzuschätzen. Eine Garantie, dass sie dies im Einzelfall auch tun, ist es leider nicht. In diesem Zusammenhang spielt das CICIC eine bedeutende Rolle: Das Center wertet zwar die Qualifikationen nicht selbst aus, bietet dafür aber eine ganze Fülle von Tipps und verweist auf Agenturen in den verschiedenen Provinzen, bei denen Sie Ihre Qualifikationen bewerten lassen können.

- Canadian Info Centre for International Credentials (CICIC)
  95 St. Clair Avenue West, Suite 1106
  Toronto, Ontario M4V 1N6
  Tel.: +1(0)416-962 9725
  Fax: +1(0)416-962 2800
  www.cicic.ca

Die Site des CICIC ist gegliedert in:

- Information on Foreign Credential Evaluations,
- Postsecondary Education in Canada,
- Information on Specific Professions and Trade.

Für alle, die in Québec arbeiten und u. a. ihre Qualifikationen checken lassen möchten, ist die folgende Site interessant:

- Service des Équivalences
  www.immigration-quebec.gouv.qc.ca/francais

Für die Anerkennung der Qualifikationen, die Einwanderungswillige außerhalb Kanadas erworben haben, sind die jeweiligen Institutionen und Berufsverbände der Provinzen zuständig. Diese bestimmen, ob es nötig ist, dass die Antragsteller eine Zusatzprüfung ablegen, an einer Weiterbildungsmaßnahme teilnehmen oder eine Weile unter Supervision arbeiten müssen.

13.3 Reglementierte Berufe

80 % der Kanadier arbeiten in nichtreglementierten Berufen. Beispielsweise sind dies Berufsfelder für hochqualifizierte Hochschulabsolventen wie IT-Spezialisten und Biologen, aber auch geringer ausgebildete Berufstätige wie Verkäufer und Hausmeister. Es ist leichter, in nichtreglementierten Berufen einen Job zu finden. Prüfen Sie auf jeden Fall, bevor Sie sich in Kanada um Arbeit bewerben, ob Ihr Beruf zu den reglementierten oder nichtreglementierten gehört. Erkundigen Sie sich insbesondere, wie es in der Provinz damit aussieht, in der Sie arbeiten möchten.

Ca. 20 % der Berufe in Kanada sind reglementiert, z. B. betrifft dies Ärzte, Physiotherapeuten, Krankenschwestern, Ingenieure, Rechtsanwälte, Lehrer, aber auch Elektriker und Klempner. Es ist also nicht selbstverständlich, dass Sie ohne weiteres in dem Beruf arbeiten können, in dem Sie in Deutschland tätig waren. Möchten Sie in einem der reglementierten Berufsfelder tätig werden, benötigen Sie in der Provinz, in der Sie leben wollen, eine Lizenz, ein Zertifikat oder eine Mitgliedschaft in einem Berufsverband. Eventuell müssen Sie sogar ein zusätzliches Examen ablegen, Weiterbildungsmaßnahmen absolvieren oder weitere Berufserfahrung nachweisen.

Im Rahmen von Licensure Examinations stellen die Prüfungsbehörden (Professional Licencing Bodies bzw. Apprenticeship Authorities) fest, ob die Bewerber den richtigen Kenntnisstand und ausreichend Berufserfahrung mitbringen. Meistens bestehen die Prüfungsaufgaben aus Multiple-Choice-Tests. Bei den nichtreglementierten Berufen entscheidet der Arbeitgeber selbst, ob er die Qualifikationen des Bewerbers anerkennt oder nicht. Lesen Sie dazu:

- Work Destinations
  www.workdestinations.ca
- Canadian Apprenticeship Forum
  www.caf-fca.org

Man unterscheidet zwischen zwei Arten von reglementierten Berufen:

- Regulated Professions (z. B. Ärzte und Ingenieure),
- Apprenticible Trades (Lehrberufe).

Für die Apprenticible Trades benötigt man „Training on the Job" und einen Prüfungsabschluss, um ein Zertifikat zu erhalten und in dem Berufsfeld in Kanada arbeiten zu dürfen. Die Zuständigkeit für diese Regelungen liegt bei den Provinzen selbst. Für Québec informiert die SIPR-Behörde über die reglementierten Berufe, SIPR steht für Service d'Information sur les Professions Réglementées. Die folgende Site hilft weiter, wenn es um die Anerkennung Ihrer Qualifikationen in Québec geht:

- SIPR
  www.immigration-quebec.gouv.qc.ca/anglais/settlement/sipr.html

Es gibt eine Reihe kommerzieller Firmen, die Ihnen helfen können, herauszufinden, ob Ihre Qualifikationen in Kanada anerkannt werden. Dazu gehört auch IQAS, der International Qualifications Assessment Service. (Diese Adresse zitieren wir als ein Beispiel, ohne etwas über die Qualität der Arbeit aussagen zu wollen.) Sehr informativ sind die FAQs der Site:

Hier erfahren Sie alles Wesentliche über die „Re-Licensing Procedures"
und werden darüber informiert, was Assessment bedeutet, was Sie dafür
bezahlen müssen und welche Unterlagen Sie benötigen. Zu den Diensten
von IQAS gehören:

- Basic Assessment,
- Assessment of Course Work,
- Assessment for Educational Institution.

- IQAS
  www.learning.gov.ab.ca/iqas/FAQs.asp

13.4 Die NOC-Klassifizierung

Wenn Sie sich im Rahmen Ihrer Arbeitssuche über die Anerkennung
Ihrer Bildungs- und Berufsabschlüsse informieren und z. B. erfahren
möchten, ob Sie Ihren Beruf in Kanada ausüben dürfen bzw. welche
Bedingungen Sie zuvor erfüllt haben müssen, stellt die NOC-Klassifi-
zierung (National Occupational Classification) eine wesentliche Hilfe
dar. Das NOC-Register umfasst insgesamt 520 Berufsgruppen, die in
folgende Kategorien gegliedert sind:

0: Management Occupations,
1: Business/Finance and Administration Occupations,
2: Natural/Applied Science,
3: Health Occupations,
4: Occupations in Social Science, Education,
5: Occupations in Art, Culture, Recreation and Sport,
6: Sales and Service Occupations,
7: Trades and Transport,
8: Occupations unique to Primary Industry,
9: Occupations unique to Processing, Manufacturing Utilities.

Es gibt insgesamt fünf Niveaus:

0: Managementberufe,
A: Berufe, für die ein abgeschlossenes Hochschulstudium voraus-
   besetzt wird, (M.A., B.A., PhD.),
B: Berufe, die den Besuch eines College oder einer Berufsschule
   voraussetzen, bzw. die eine abgeschlossene Lehre erfordern,
C: Berufe, die den Besuch einer weiterführenden Schule erfordern,
D: Berufssparten, für die ein On-the-Job-Training genügt.

Alle Voraussetzungen, die Sie erfüllen müssen, sind nachzulesen unter:

- NOC
  www23.hrdc-drhc.gc.ca/2001/e/groups/index.shtml

    Die einzelnen Berufsbeschreibungen sind im NOC-Register
    untergliedert in:
    - Example Titles,
    - Main Duties,
    - Employment Requirements,
    - Additional Information,
    - Classified Elsewhere.

Sie brauchen nur die vierstellige Nummer für den gewünschten Beruf
einzugeben, und schon können Sie sofort alle Informationen aufrufen.
Besonders wichtig für alle, die nach Kanada einwandern möchten, ist
die Rubrik „Employment Requirements". Hier erfahren Sie u. a., welche
Bildungsabschlüsse und Berufserfahrungen in Kanada in Ihrem Beruf
vorausgesetzt werden und welche kanadischen Institutionen lizenzieren,
fortbilden und Anerkennungsprüfungen abnehmen. Diese Site sollten
Sie bei Ihrer Recherche unbedingt berücksichtigen!

13.5 Arbeitsgenehmigung

Wenn Sie für eine befristete Zeit in Kanada arbeiten möchten, brauchen
Sie in den meisten Fällen eine Arbeitserlaubnis (Work Permit). Um diese
zu erhalten, müssen Sie folgende Hürden überwinden:

- Sie benötigen das Stellenangebot eines kanadischen Arbeitgebers in Form eines Briefs oder Arbeitsvertrags.

- Der Arbeitgeber muss bei der HRSDC-Behörde (Human Resources and Skills Development Canada), der kanadischen Arbeitsverwaltung, eine Bescheinigung darüber eingeholt haben, dass
  es keinen kanadischen Bewerber für diese Stelle gibt. Dieser
  Nachweis heißt „Confirmation" oder „Market Opinion Letter".
  Entscheidend ist, dass Ihre Einstellung zum Erfolg des Unternehmens oder der kanadischen Wirtschaft beiträgt und die
  Schaffung neuer Stellen für Kanadier zur Folge haben könnte.

- Sie müssen die entsprechenden Antragsformulare ausfüllen
  (IMM1295/IMM 5476), d. h. die „Application for a Work Permit"
  bzw. „demande d'un permis de travail".

- Sie stellen die erforderlichen Unterlagen zusammen und senden das Ganze per Post an die Botschaft von Kanada oder reichen alles persönlich bei der Visa- und Einwanderungsabteilung der Botschaft in Berlin ein.
- Eventuell benötigen Sie auch ein gültiges Gesundheitszeugnis.

Normalerweise kann man eine Arbeitsgenehmigung erst beantragen, wenn das HRSDC-Ministerium das Stellenangebot bestätigt hat. Es gibt allerdings auch Ausnahmen. Folgende Gruppen brauchen keine Bestätigung durch die kanadische Arbeitsverwaltung:

- Unternehmer,
- Teilnehmer an Austauschprogrammen,
- Studenten, die auf dem Campus arbeiten,
- Personen, die für kirchliche Organisationen arbeiten.

Es gibt auch Berufe, für die Immigranten in Kanada keine Arbeitsgenehmigung benötigen. Dazu gehören:

- Bestimmte darstellende Künstler,
- Sportler und Trainer,
- Nachrichtenredakteure,
- Studenten im Gesundheitsbereich,
- Unfallinspektoren.

Für einige Bereiche, in denen Arbeitskräfte gebraucht werden, ist es leichter, Arbeitsgenehmigungen zu bekommen: So werden beispielsweise Sonderprogramme für IT-Spezialisten und Live-in-Caregivers (häusliches Pflegepersonal) angeboten.

 Hinweis!

Viele Antragsformulare können Sie sich direkt aus dem Internet herunterladen.

- *Applications and Forms*
  www.cic.gc.ca/english/applications/index.html

13.6 Der kanadische Arbeitsmarkt

Zu den gefragten Berufen gehören Ingenieure, Techniker, Psychologen, Mediziner, Psychologen, Pharmazeuten. Aber auch Schreiner, Bauarbeiter, Automechaniker, Landarbeiter und Lastwagenfahrer sind gefragt. Prosperierende kanadische Industriezweige sind:

Automobilindustrie, Biochemie, Landwirtschaft, Holz- und Papierindustrie, Maschinenbau, Stahlindustrie, Raumfahrttechnologie, Telekommunikation, Lebensmittelindustrie, Transportwesen, Erdöl und Erdgas, Bergbau, Tourismus.

70 % der Jobs liegen im Dienstleistungsbereich (Tourismus, Banken, Versicherungen).

- Jobfutures
  www.jobfutures.ca

    Auf der Site von Jobfutures finden Sie eine Auflistung der „Most Promising Jobs". Dazu gehören:

    - Health: Physicians, Dentists, Pharmacists, Registered Nurses,
    - Education: University Professors, College and Vocational Instructors,
    - Engineering and Science: Engineers, Physical Science Professionals,
    - Other professions: Judges, Lawyers, Paralegal,
    - Promising fields of studies: Medical Sciences, Health, Nursing, Chemistry, Engineering, Computer Science.

Auch die Labour Market Information, kurz LMI, ist eine interessante Informationsquelle. „LMI provides you with a picture of what will be required in the future." Das ist nicht zuviel versprochen.

- Labour Market Information (LMI)
  www.labourmarketinformation.ca

    Die Site ist gegliedert in:

    - Job Descriptions,
    - Employment Prospects,
    - Wages, Salaries,
    - Who Hires,
    - About the Labour Market.

Aussagekräftig ist ebenfalls der Bericht des Bundesamts für Statistik:

- Latest Release from the Labour Force Survey
  www.statcan.ca/english/Subjects/Labour/LFS/lfs-en.htm

  Der regelmäßig aktualisierte Bericht informiert über folgende Aspekte:

  - Entwicklung des Arbeitsmarkts,
  - Arbeitslosenquote,
  - Trends in den einzelnen Provinzen, bzw. in verschiedenen Branchen, Entwicklung auf dem Teilzeitsektor.

  Beachten Sie auch die Statistikdaten unter „Strongest Employment Gains": Auf welchem Sektor nehmen die Arbeitsplätze zu bzw. in welchen Bereichen nehmen sie ab? Das ist eine Möglichkeit, sich über den Arbeitsmarkt zu informieren.

Die einzelnen Provinzen ermitteln ihren Bedarf an Arbeitskräften selbst und gestalten entsprechend ihre Einwanderungsregeln: Provincial Nominee Programs erleichtern die Einreise für Personen, die in gefragten Berufen arbeiten. Auskünfte über die Programme der Provinzen erhalten Sie bei der kanadischen Botschaft. Sie sollten sich natürlich auch durch die Lektüre von Wirtschaftszeitungen auf dem Laufenden halten. Im Internet helfen die folgenden Adressen in diesem Zusammenhang weiter:

- SkillNet
  http://prospects.skillnet.ca

  SkillNet bezeichnet sich als die exklusive „Labour Market News Page". Hier können Sie aktuelle Artikel zu den Themen „Arbeitsmarkt" und „Jobsuche" aufrufen.

- Workopolis
  www.workopolis.com/content/resource

  Die Site enthält mehr als 5000 Artikel, u. a. auch zum Thema „Arbeitsmarkttrends".

- Onlinenewspapers
  http://onlinenewspapers.com/canada.htm

  Diese Site listet hunderte kanadischer Zeitungen in alphabetischer Reihenfolge auf.

13.7 Arbeiten in Québec

Wer in Québec arbeiten möchte, sollte die Kriterien kennen, die diese Provinzregierung in Zusammenarbeit mit der kanadischen Bundesregierung für die Einwanderung festgelegt hat. Québec wählt selbst seine Einwanderer aus – und zwar solche, „who best meet its immigration needs." So müssen sich beispielsweise Ausländer, die als Skilled Worker in Québec einwandern möchten, um ein „certificat de sélection" bewerben. Erst wenn man diese Hürde genommen hat, kann man bei der Einwanderungsbehörde einen Antrag auf „résidence permanente " stellen. Lesen Sie dazu:

- Immigration Québec
  www.immigration-quebec.gouv.qc.ca/francais

 Hinweis!

Wie in Gesamtkanada sind auch in Québec einige Berufe reglementiert, was bedeutet, dass Sie bestimmte Trainingsphasen und Abschlüsse nachweisen bzw. nachholen müssen. Außerdem benötigen Einwanderungswillige in vielen Fällen eine Anerkennung ihrer Qualifikationen, d. h., ihre Bildungsabschlüsse und ihre Berufserfahrungen werden entsprechend kanadischen Standards bewertet. Viele Unternehmer verlangen diese Anerkennung, bevor Sie einen Ausländer einstellen.

Wenn Sie in Québec arbeiten möchten, müssen Sie folgende Voraussetzungen erfüllen:

- Sie müssen eine 11-jährige Schulbildung nachweisen. Dies würde dem High School Diploma in Kanada entsprechen,
- Sie benötigen gute Französisch- und Englischkenntnisse (auch schriftliche Kompetenz),
- eventuell ist es nötig, dass Ihre Ausbildung und Ihre Berufserfahrungen anerkannt werden müssen.

Wenn Sie wissen möchten, welche Berufe in Québec gefragt sind, können Sie die Site „Emploi-Québec" konsultieren.

- Emploi-Québec
  http://emploiquebec.net

Unter „Perspectives Professionnelles 2003-2007" ist nachzulesen, in welchen Disziplinen beispielsweise Akademiker besonders gute Chancen haben:

- Chemiker,
- Architekten,
- Anwälte,
- Physiotherapeuten,
- Pharmazeuten,
- Sozialarbeiter,
- Allgemeinmediziner,
- Bauingenieure.

Auch regionale Arbeitsmarkttrends werden hier beschrieben.

Drei von vier Jobs werden im Dienstleistungssektor geschaffen, z. B.
im Gaststättengewerbe und in der Verwaltung. Dort haben auch die
Einwanderer gute Chancen. Welche Industriezweige in der Provinz eine
vielversprechende Zukunft haben, wird auf der Site der Einwanderungsbehörde unter „Living in Québec" beschrieben.

- Living in Québec
  www.immigration-
  quebec.gouv.qc.ca/anglais/employment/ntic.html

  Dazu gehören folgende Bereiche:

  - Luftfahrtindustrie mit 260 Unternehmen und rund
    42 000 Jobs,
  - Biotechnologie: Hier ist Québec führend in Kanada,
  - Informationstechnologie mit mehr als 5 000 IT-Unter-
    nehmen und mehr als 100 000 Beschäftigten.

Informationen für Ihre Arbeitssuche in Québec finden Sie außerdem
unter:

- Centres Locaux d'emploi (CLE)
  http://emploiquebec.net/francais/complements/cle.htm
- Regierungssite
  www.immigration-
  quebec.gouv.qc.ca/anglais/employment/work-quebec.html
- Site des Bildungsministeriums Québec
  www.meq.gouv.qc.ca/GR-PUB/m_enlis.htm

Lassen Sie sich vom Arbeitgeber eine möglichst genaue Stellenbeschreibung geben. Gehalt, Arbeitszeit, Wochenstundenzahl, Urlaub etc. sollten festgehalten werden. Über arbeitsrechtliche Aspekte informiert die:

- Commission des Normes du Travail du Québec
  www.cnt.gouv.qc.ca/en/index.asp

  Hier finden Sie alles über:

  - Minimum Wages,
  - Annual Holiday,
  - Sick Leaves,
  - Overtime.

13.8 Sprachkenntnisse

Es gibt in Kanada zwei offizielle Landessprachen. Zwei Drittel der Bevölkerung sprechen Englisch, rund 15% ausschließlich Französisch, 17 % geben an, beide Sprachen zu beherrschen. In der Provinz Québec spricht man überwiegend Französisch. Über die Bedeutung der Zweisprachigkeit in Kanada informiert im Internet der:

- Atlas of Canada
  http://atlas.gc.ca/site/index.html

3,5 Millionen Kanadier sind deutscher Herkunft, Deutsch steht auf Rang fünf der in Kanada gesprochenen Sprachen. Gute Sprachkenntnisse sind wichtig, wenn man eine Einreisegenehmigung beantragen möchte. Wenn Sie fließend Englisch und Französisch sprechen, erhöht das Ihre Chancen drastisch. Auch für ein Studium an einer kanadischen Universität sind gute Englischkenntnisse Voraussetzung. Sie können diese mit einem TOEFL- oder einem IELTS-Test nachweisen. Entsprechende Informationen finden Sie im Internet:

- TOEFL (Test of English as a Foreign Language)
  www.ets.org/toefl/index.html
- IELTS (International English Language Testing System)
  www.ielts.org

(In Québec stellen die Universitäten mit eigenen Tests den Stand Ihrer Französischkenntnisse fest.) Sollten Sie Ihre Englisch- und Französischkenntnisse in Kanada verbessern wollen und auf der Suche nach Sprachschulen sein, können Sie sich bereits in Deutschland informieren:

- LangCanada.com
  www.langcanada.ca

  Sie können hier Sprachschulen (Training Organisations) und Sprachlernmaterialien (Educational Resources) aufrufen. Kriterien für die Suche sind „Program Type" und „Language Skills".

- Canadian Association of Private Language Schools (CAPLS)
  www.capls.com

  72 Sprachschulen für Englisch bzw. Französisch sind Mitglieder dieses Verbunds – sie bieten in mehr als 100 Städten und Orten in Kanada Kurse an.

- Canada Language Council (CLC)
  www.c-l-c.ca/index.html

  Auf dieser Website finden Sie eine vom CLC zusammengestellte Auflistung offiziell anerkannter Sprachschulen und Programme.

14 Arbeitssuche in Kanada

14.1 Allgemeine Hinweise

Für die Arbeitssuche in Kanada gelten dieselben Tipps wie für die Jobsuche in den USA, d. h., Sie können folgende Möglichkeiten nutzen:

- Zeitungsanzeigen,
- Networking,
- Direkte Kontaktaufnahme zu den Arbeitgebern,
- Internet,
- Personalvermittlungsagenturen. Zeitarbeitsvermittlungen spielen dabei verstärkt eine Rolle. Im Rahmen des Downsizing wollen viele Unternehmen sparen und nur für befristete Zeit einstellen.

Auch die örtlichen Arbeitsämter (Human Resources and Skills Development Canada) helfen Ihnen weiter: Sie erhalten dort Tipps für die Jobsuche sowie Ihre Bewerbung und erfahren von Weiterbildungsmöglichkeiten für Neuankömmlinge. Auch über Stellenangebote informieren die HRSDC-Zentren.

- HRSDC
  www.hrsdc.gc.ca/en/home.shtml
  Die Sparte für Arbeitsuchende ist gegliedert in:

  - Jobs,
  - Financial Benefits,
  - Career Planning,
  - Training and Learning,
  - Labour and Workplace.

  Besonders empfehlenswert ist das Kapitel „Information for Foreign Workers".

Die deutsch-kanadische Auslandshandelskammer ist in diesem Zusammenhang ebenfalls eine interessante Adresse:

- AHK Recruitment Service
  www.germanchamber.ca/english/recruitment.html

Die Kammer vermittelt kanadischen Unternehmen qualifizierte zweisprachige Mitarbeiter. Arbeitsuchende sollten folgende Rubriken der Website beachten: Job Seekers, Internships sowie Job Postings.

Hinweis!

Auf der Site des Einwanderungsbehörde von Québec wird darauf hingewiesen, dass die Arbeit suchenden Ausländer häufig nicht direkt an ihre beruflichen Erfahrungen anschließen können, sondern zunächst eine Stelle akzeptieren müssen, für die sie ggf. überqualifiziert sind. Das erste Jahr diene der Anpassung an die neue Arbeitssituation. Dieser Hinweis gilt nicht nur für Québec, sondern für Kanada generell.

14.2 Networking

Es wird allgemein angenommen, dass zwei Drittel der Stellen nicht ausgeschrieben werden. Deshalb spielen private und geschäftliche Kontakte auch in Kanada eine ganz besondere Rolle. Am einfachsten ist es natürlich, wenn Sie bei einem Unternehmen beschäftigt sind, das schon Niederlassungen in Kanada hat und Sie dorthin entsendet.

Schon von Deutschland aus sollten Sie versuchen, Kontakte zu potenziellen Arbeitgebern zu knüpfen, indem Sie Freunde, Bekannte und Arbeitskollegen nach möglichen Ansprechpartnern und Verbindungen befragen. Vielleicht kennen Sie jemanden, der jemanden kennt, der bereits in Kanada gearbeitet hat? Sie haben folgende Möglichkeiten, Ihr Netzwerk aufzubauen:

• Wenden Sie sich an Berufsverbände.
• Nehmen Sie an Chats und Foren teil.
• Nutzen Sie die Firmenlisten der deutsch-kanadischen Auslandshandelskammer, Toronto (80 Euro).
• Gehen Sie direkt bei Unternehmen vorbei, wenn Sie in Kanada sind. Zeigen Sie Initiative.

Internetadressen für Ihre Networkingaktivitäten in Kanada:

• Jobfutures
www.jobfutures.ca/en/listing_organizations.shtml

Diese Adresse aufzurufen, lohnt sich, wenn Sie auf der Suche nach Berufsverbänden in Ihrer Branche sind. Folgende Bereiche werden beispielsweise aufgeführt:

– Management,
– Business, Finance, Administration,

- Natural and Applied Sciences,
- Health,
- Social Science, Education,
- Art, Culture,
- Sales and Services.

- The 50 best Companies to work for in Canada
  www.workopolis.com

  Sie suchen Adressen von Unternehmen, bei denen Sie sich bewerben können? Hier werden die 50 besten aufgelistet, und zwar unter „Career Resources".

- Yellow Pages Canada
  www.yellowpages.ca

  Um Unternehmen zu suchen, die Sie kontaktieren möchten, haben Sie hier zwei Möglichkeiten: Entweder Sie suchen in einer alphabetisch sortierten Liste von Firmen oder Sie geben den Namen des gewünschten Unternehmens in die Suchmaske ein.

- Deutsch-Kanadischer Business-Club
  www.dk-bc.de/de/resources_de.html

  Eine ausgezeichnete Informationsquelle für Ihre Networking-aktivitäten ist die Liste der Links, die der Deutsch-Kanadische Business-Club Berlin-Brandenburg allen Mitgliedern und Nicht-Mitgliedern kostenlos zur Verfügung stellt.

14.3 Online-Jobsuche

Auch für Kanada gilt: Nutzen Sie das Internet für Ihre Recherchen. Es gibt eine Fülle allgemeiner Jobsites, aber auch kleinere berufsspezifische und regionale Jobbörsen. Wir haben viele Jobsites für Sie unter die Lupe genommen – und zitieren im Folgenden diejenigen, die uns lohnend erscheinen. Natürlich sollten Sie sich auch Internetadressen ansehen, die wir hier nicht genannt haben: Aber das Internet ist schnelllebig, täglich kommen neue Sites hinzu.

Allgemeine Jobsites

- Job Bank
  www.jobbank.gc.ca

  Job Bank ist eine der größten kanadischen Jobsites. Sie wird von der HRSDC-Behörde betrieben. Jährlich werden hier zwischen 300 000 und 500 000 offene Stellen angeboten. Kriterien für die Suche in der Jobdatenbank sind:

  - Schlüsselwörter,
  - Jobtitel,
  - Region/Provinz.

  Am Tag unserer Recherche fanden wir allein 217 Angebote zu „Engineering" in Ontario.

- Jobshark
  www.jobshark.com

  Diese Datenbank können Sie nach folgenden Kriterien durchforsten:

  - Schlüsselwörter,
  - Arbeitgeber,
  - Region.

  Dabei lassen sich auch ganz gezielt verschiedene kanadische Provinzen anklicken. Ein Jobagent steht ebenfalls zur Verfügung. Unter „Featured Employers" finden Sie Unternehmensprofile, unter „Special Services" Hilfen für die Gestaltung Ihres Lebenslaufs.

- Yahoo! Hot Jobs Canada
  http://ca.hotjobs.yahoo.com

  Kriterien für die Arbeitssuche sind:

  - Schlüsselwörter,
  - Jobkategorie,
  - Stadt/Provinz.

  Sehr ergiebig sind die „Career Tools" von Hot Jobs, die Tipps für die Arbeitssuche in Kanada, die Gestaltung des Lebenslaufs und die Vorbereitung auf Job-Interviews bieten.

- Monster Canada
  www.monster.ca

  Am Tag unserer Recherche hatte Monster 25 000 offene Stellen in Kanada in der Datenbank. Die Kriterien für die Jobsuche sind:

  - Provinz/Stadt,
  - Jobkategorie,
  - Schlüsselwörter.

  Für die Rubriken „Studenten", „Gesundheitssektor", „Führungskräfte" und „Technologiebereich" gibt es eine Spezialsuche. Außerdem haben Sie die Möglichkeit, in einer Datenbank Unternehmen zu recherchieren. Wenn Sie wissen möchten, welche Verdienstmöglichkeiten die einzelnen Berufssparten bieten, dann nutzen Sie das „Monster Salary Centre". Benötigen Sie Hilfe bei der Formulierung des Lebenslaufs bzw. des Begleitschreibens, dann bietet das „Resume Centre" Tipps in Hülle und Fülle. Auch das „Interview Centre" hat uns gut gefallen.

- Workopolis
  www.workopolis.com

  Workopolis bezeichnet sich als „Canada's biggest Job Site". Die Stellendatenbank können Sie nach den folgenden Kriterien durchforsten:

  - Schlüsselwörter,
  - Jobkategorie,
  - Stadt/Provinz,
  - Industriezweig.

  Wenn Sie „My Workopolis" nutzen, können Sie bis zu zehn Resumes speichern und den Jobagenten für Sie nach Stellen suchen lassen. Das „Resource Centre" ist eins der besten, das uns bei den Recherchen begegnet ist. In mehr als 5 000 Artikeln bietet es Tipps in allen Sparten, z. B. zu Networking, Resumes, Interviews, Gehaltsverhandlungen, Unternehmensanalysen sowie Arbeitsmarktrecherchen.

- Career Click
  www.careerclick.com

  „Canada's Premier Website for Managing your Career" verspricht diese Seite. Die Stellendatenbank können Sie nach Jobkategorie und Ort durchsuchen.

Wenn Sie sich über den Arbeitsmarkt auf dem Laufenden halten wollen, nutzen Sie die Zusatzmaterialien:

- Career Articles by Topic,
- Industry News,
- Career News from our daily newspapers across Canada.

- All Star Jobs
  www.allstarjobs.ca

  „Allstar Jobs attracts people locally" verspricht die Site. Sie pflegt ein Netzwerk von vielen regionalen und berufsspezifischen Jobsites. Unter „About Us" werden diese Sites aufgelistet. Die Schnellsuche funktioniert nach den Kriterien:

  - Schlüsselwörter,
  - Region/Stadt,
  - Jobkategorie.

  Unter „Career Resources" finden Sie eine Vielfalt von Links zu nationalen und regionalen Jobsites.

- Career Owl
  www.careerowl.ca

  Sie haben die Wahl zwischen „Browse by Occupation" und „Jobs by Region", um die Datenbank zu durchforsten. Die Palette der „Jobseeker Resources" ist riesig. Sie reicht vom „Career Planning" bis zum Verfassen des Lebenslaufs und zur Vorbereitung auf das Vorstellungsgespräch.

- Career Exchange
  www.careerexchange.com

  Wenn Sie die Datenbank durchsuchen möchten, haben Sie die Möglichkeit, Schlüsselwörter einzusetzen bzw. Regionen (USA/Kanada) oder Jobkategorien auszuwählen. Unter „Career Tips" finden Sie Links zu allen Aspekten der Arbeitssuche:

  - Tests,
  - Interviews,
  - Gehälter,
  - Resumes.

- Netjobs
  www.netjobs.com

  Kriterien für die Stellensuche sind:

  - Schlüsselwörter,
  - Unternehmen,
  - Regionen und
  - Erscheinungsdatum der (Stellen-)Ausschreibung.

  Unter „Career Tools" bietet Netjobs Links zu Themen wie „Einwanderung" und „Arbeitssuche".

- + Jobs Canada
  www.canada.plusjobs.com

  Gegen eine Gebühr von ca. 39 kanadischen Dollar haben Sie hier die Möglichkeit, Ihren Lebenslauf auf mehr als 1 000 Sites zu annoncieren. Der führende „Resume Express Service" mailt den Lebenslauf, den Sie online eingegeben haben, an Unternehmen, Personalvermittlungen und Headhunter weiter. Um die Datenbank zu durchforsten, geben Sie den Jobtitel und die gewünschte Region ein.

Spezialisierte Jobsites

Lohnend sind neben den großen allgemeinen Online-Jobbörsen auch berufsspezifische und regionale Sites. Im Folgenden geben wir einige Beispiele.

- Canadian RN
  www.canadianrn.com

  „Nursing in Canada" ist der Schwerpunkt dieser Site. Sie bietet nicht nur eine Stellendatenbank, sondern unter „CanadianRN Directory" auch sehr viele Zusatzinformationen wie beispielsweise:

  - Nursing Employers,
  - Nursing Associations,
  - Medical Associations,
  - Clinical References,
  - Uniforms and Accessories,
  - Nursing and Healthcare News.

- Canadian Forests
  www.Canadian-forests.com

  Die Site bezeichnet sich als „Your Internet Gateway to Forestry and Forest Products". Das „Career Centre" ist untergliedert in die Sparten:

  - Job Postings,
  - Career Advertising,
  - Subscribe to Newsletter.

  Die Palette an Informationen unter „Directories" ist riesig. Sie reicht von „Forest Industries" bis „Silviculture Contractors". Auch Auflistungen von technischen Schulen und Industrieverbänden sowie Umweltverbänden finden Sie hier.

- Canjobs
  www.canjobs.com

  Für die Suche in der Stellendatenbank können Sie folgende Kriterien eingeben:

  - Berufsfeld,
  - Provinz,
  - Schlüsselwörter.

  Über Canjobs haben Sie Zugriff auf eine große Auswahl an Links zu Employment Sites diverser kanadischer Städte und Provinzen; z. B. können Sie unter „Browse the Latest Jobs" Québec anklicken und regionale Stellenangebote aufrufen. Um die Resourcen von Canjobs nutzen zu können, müssen Sie sich voher registrieren lassen. Dann haben Sie u. a. Zugriff auf Jobagenten und ein Unternehmensverzeichnis.

- Jobs in the Canadian Rockies
  www.jobscanadianrockies.com

  Die Site bezeichnet sich als „The Most Exciting and Effective Website for Job Opportunities in the Canadian Rockies!" Für die Schnellsuche in der Stellendatenbank geben Sie Regionen und Industriezweige ein. Als registrierter Nutzer haben Sie Anspruch auf den kostenlosen Versand Ihres Resumes an Arbeitgeber und die Nutzung des Unternehmensverzeichnisses. Am Tag unserer Recherche wurden u. a. Positionen für Tour Guides/Raft Guides annonciert.

- Futureworks
  www.fwt.bc.ca

  Die Schwerpunkte dieser relativ kleinen Site für die Provinz British Columbia liegen auf Informationstechnologie, Biotechnologie, Telekommunikation und Ingenieurwesen.

- Job Canada
  www.jobcanada.org

  Wöchentlich werden hier neue Stellenangebote aus der Region um Toronto veröffentlicht. Die Site besticht durch ihr Layout, das in Form einer Zeitung gestaltet ist. Die Jobs können Sie nach Sparten aufrufen, von „Computers" bis „Teachers". Zu den Dienstleistungen von Job Canada gehören:

  - Eine Resumedatenbank,
  - Tipps für die Gestaltung des Lebenslaufs,
  - Gehaltsspiegel,
  - Viele regionale Links.

- IT Job Universe Canada
  www.itjobuniverse.ca

  IT Job Universe ist die richtige Seite für IT-Profis. Kriterien für die Suche in der Stellendatenbank sind:

  - Kategorie,
  - Stadt/Provinz,
  - Schlüsselwörter.

  Unter „IT Workplace" und „News by Topic" finden Sie topaktuelle Artikel über die Branche.

 Tipp!

Sie möchten sich Stellenanzeigen in kanadischen Zeitungen ansehen? Die Canadian Newspaper Association hat Links zu nationalen Zeitungen sowie zu Blättern in den Provinzen und Territorien aufgelistet, und zwar unter:

- *Media Links in Canada and Abroad*
  www.cna-acj.ca

14.4 Austausch-, Ferien- und Praktikantenprogramme

„Kommen Sie nach Kanada für ein Praktikum oder Austauschprogramm", heißt es auf der Website der kanadischen Botschaft in Deutschland. Dort werden die verschiedenen Programme beschrieben. Zu den kanadaspezifischen gehören:

- Programme mit der ZAV
  www.arbeitsagentur.de
  - Young Workers Exchange Program (YWEP).
    Dieses Austauschprogramm wurde 2002 zwischen Kanada und Deutschland vereinbart. Sie können sich dafür über die ZAV bewerben, wenn Sie im Hauptstudium, Hochschulabsolvent oder berufstätig sind. Programmteilnehmer zwischen 18 und 35 dürfen für maximal ein Jahr nach Kanada einreisen – sie müssen vorher aber bereits ein verbindliches Stellenangebot haben!

  - Canada-Germany Coop Program
    Das Praktikantenprogramm der ZAV ermöglicht Studierenden einer weiterführenden Bildungseinrichtung, die zwischen 18 und 30 Jahre alt sind, für zwei bis sechs Monate nach Kanada in die Provinz Ontario, einzureisen. Sie brauchen sich die Stelle nicht selbst zu suchen. Dieses Angebot gilt für IT, Bankwesen, BWL, Ingenieurwesen und Tourismus.

- Deutsch-kanadischen Gesellschaft (DKG)
  www.dkg-online.de
  - Werkstudentenprogramm: Die DKG gibt Werkstudenten die Möglichkeit, für zwei Monate in Kanada zu jobben und im Anschluss daran einen Monat durch das Land zu reisen.

  - Praktikantenprogramm: Im Rahmen dieses Programms erhalten Sie eine Arbeitsgenehmigung für ein fachbezogenes Praktikum in Kanada, von Juli bis Dezember. Die Praktikumsstelle muss allerdings selbst gesucht werden.

Informationen zu beiden Programmen erhalten Sie im Internet oder direkt bei der deutsch-kanadischen Gesellschaft:

- Deutsch-kanadischen Gesellschaft
  Hohenzollernring 31-35
  50672 Köln
  Telefon: +49(0)221-2576793
  Telefax: +49(0)221-2577236

- Working Holiday Program
  www.canada.de

  Dieses Jugendaustauschprogramm der kanadischen Botschaft ermöglicht es Studierenden zwischen 18 und 35 Jahren, an Visa zu kommen, um im Sommer in Kanada zu jobben und zu reisen. Es wird kein Stellenangebot aus Kanada vorausgesetzt.

- Tourisme Jeunesse
  www.djh.de

  Junge Graduierte oder Berufstätige zwischen 18 und 26 Jahren können im Rahmen dieses Programms bis zu sechs Monate in Kanada arbeiten. Sie müssen allerdings ein Stellenangebot nachweisen, das in engem Zusammenhang zu ihrem Studienfach bzw. Ausbildungsschwerpunkt steht.

- Praktikum der Land- und Forstwirtschaft in Kanada
  www.bauernverband.de

  Das Praktikantenprogramm des deutschen Bauernverbands wendet sich an junge Leute zwischen 19 und 28 Jahren mit Berufserfahrung in der Landwirtschaft sowie an Studierende der Land- oder Forstwirtschaft im Hauptstudium.

- TravelWorks
  www.travelworks.de/kanada/index.php

  TravelWorks organisiert das „Work and Travel Canada"-Programm. Studierende zwischen 18 und 30 können für maximal zwölf Monate in Kanada arbeiten und reisen.

 Hinweis!

Sie können sich auch bei den Organisationen erkundigen, die wir schon im USA-Teil des Buchs aufgelistet haben (vgl. Kapitel 3), wie z. B.:

- *ZAV*
  www.arbeitsagentur.de

- *InWEnt*
  www.inwent.org

- *Step-In*
  www.step-in.de
- *IAESTE*
  www.iaeste.de
- *AIESEC*
  www.aiesec.de
- *DAAD*
  www.daad.de

Informationen erhalten Sie außerdem über die:

- Kanadische Botschaft
  Visa- und Einwanderungsabteilung
  Friedrichstraße 95
  10117 Berlin
  Tel.: +49(0)30-20312447
  Fax: +49(0)30-20312134
  www.dfait-maeci.gc.ca/canadaeuropa/germany/menu-de.asp

Hinweis!

Bitte beachten Sie: Auch für einen Ferienjob benötigen Sie eine offizielle Arbeitserlaubnis, einen „Work Authorisation Approval Letter". D. h., Sie suchen sich einen Arbeitgeber, der Ihnen eine Stelle in Kanada anbietet und dafür eine Bestätigung bzw. ein Arbeitsmarktgutachten beim kanadischen Arbeitsministerium (HRSDC) einholt. Diese Arbeitsmarktprüfung entfällt, wenn Sie über eine der autorisierten Organisationen einreisen. Infos dazu gibt die Site der kanadischen Botschaft unter „Studieren und Lernen".

www.dfait-maeci.gc.ca/canadaeuropa/germany/
studyincanada-de.asp

Sie können natürlich bei der Suche nach potenziellen Arbeitgebern auch selbst die Initiative ergreifen, wenn Sie an keinem Programm teilnehmen wollen. Sehen Sie sich dafür die Firmenverzeichnisse der Handwerkskammern an oder versuchen Sie über das Internet, kanadische Unternehmen zu kontaktieren:

- Yellow Pages
  www.yellowpages.ca
  Hier gibt es die Suchoptionen „Browse by Category" und „Find a Business".

- Aussenhandelspartner
  www.aussenhandelspartner.de
  Das Außenhandelsbüro der deutsch-kanadischen Auslandshandels-kammer veröffentlicht eine Firmenliste unter „Deutsche in Kanada und Kanadier in Deutschland".

- Chamber Navigator
  www.tb-chamber.on.ca/cn
  Auf dieser Site können Sie sämtliche Industrie- und Handelskam-mern der einzelnen Provinzen und Territorien Kanadas aufrufen.

14.5 Au-pair-Aufenthalte

Nach Au-pair-Angeboten werden Sie in Kanada vergeblich suchen. Unter „Live-in Caregiver"/„aides familiaux résidants" versteht man dort die Betreuung von Kindern, Älteren und Behinderten. Die Regierungsbehörde CIC informiert darüber unter:

- Live-in Caregiver Program
  www.cic.gc.ca/english/pub/caregiver/index.html

  Das Inhaltsverzeichnis umfasst u. a. Punkte wie:

    – Are you interested in working as a live-in caregiver?
    – Live-in criteria,
    – Fees,
    – The application procedure,
    – Passports and visas,
    – Know your rights.

  Auch ein Mustervertrag (Sample Contract) ist hier abgedruckt. Entsprechende Infos finden Sie auch auf der Site der kanadischen Botschaft.

Wenn Sie sich für einen Au-Pair-Aufenthalt in Kanada interessieren, müssen Sie praktische Erfahrungen in der Betreuung von Kindern, Behinderten und Älteren nachweisen. Sie brauchen einen Schulabschluss, der dem kanadischen High School Diploma entspricht und sollten min-destens sechs Monate einer entsprechenden Ausbildung im sozialen

Bereich nachweisen können, z. B. in einem Kindergarten oder in der Altenpflege. Außerdem sollten Sie gute Englisch- bzw. Französischkenntnisse haben. Vor allem aber müssen Sie ein Stellenangebot aus Kanada vorlegen können.

 Hinweis!

Die Botschaft von Kanada in Deutschland listet unter „Au-pair/ Workcamps" einige Organisationen auf, die im Bereich „Volunteers" Programme anbieten. Bitte bedenken Sie, dass in den meisten Fällen die Freiwilligenarbeit nicht bezahlt wird: Wenn Sie eine Arbeitsgenehmigung beantragen, müssen Sie in der Lage sein, nachzuweisen, dass Sie selbst während Ihres Aufenthalts in Kanada für Ihren Lebensunterhalt aufkommen können.

Eine empfehlenswerte Broschüre zum Thema „Praktika" bzw. „Austauschprogramme" können Sie unter der folgenden Adresse anfordern:

- Praktikum in den USA und Kanada
  Studienberatung USA in der FHH
  Postfach 92 02 51
  30441 Hannover

Außerdem können Sie sie im Internet herunterladen:

- wwwserv1rz.fh-hannover.de/usa/brosch1.htm
  (Ohne Punkt hinter www!)

15 Bewerben in Kanada

15.1 Der kanadische Lebenslauf

Der englischsprachige kanadische Lebenslauf (Resume) ist dem amerikanischen vom Layout und von der Gliederung her sehr ähnlich (vgl. Kapitel 8). Die Schwerpunkte im kanadischen Resume sind:

- Ausbildung,
- berufliche Erfahrungen (natürlich mit Responsibilities und Duties),
- Sprachkenntnisse,
- Praktika,
- Interessen und Engagement, wenn diese für die Firma interessant sind.

Der Personalbeauftragte braucht nicht mehr als 30 bis 60 Sekunden, um einen Lebenslauf zu überfliegen: Fassen Sie sich daher kurz und schreiben Sie so, dass er leicht zu lesen ist. Für den zweiten Durchgang, wenn Ihr Lebenslauf in die engere Auswahl gekommen ist, nimmt man sich ca. zwei bis drei Minuten Zeit. Die Leistungen in Ihrer beruflichen Praxis und Ihre anderen Pluspunkte müssen in dieser Zeit ins Auge fallen!

 Hinweis!

In einen kanadischen Lebenslauf gehören persönliche Daten wie

- *Familienstand,*
- *Kinderzahl,*
- *Religionszugehörigkeit,*
- *Referenzen,*
- *Geburtsdatum*

nicht hinein. Strenge Gesetze gegen Diskriminierung untersagen diese Angaben. Ein Foto ist in Kanada nicht üblich, wird aber zum Teil doch eingefügt.

Gliederung eines Québec-Style Résumé

Beachten Sie, dass der Lebenslauf (Curriculum Vitae, CV) in Québec auf Französisch geschrieben wird. Im Folgenden einige Hinweise:

- Adresse
  Ihren Namen schreiben Sie oben in Großbuchstaben auf die Seite, Ihre Adresse in kleineren Buchstaben darunter. Vergessen Sie nicht, Ihre E-Mail-Adresse anzugeben. Sie brauchen Ihr Schreiben nicht als „Résumé" zu betiteln.

- Objectif carrière
  Unter dieser Überschrift beschreiben Sie in einigen wenigen Schlüsselwörtern, welches Ziel Sie verfolgen und welche Kompetenzen Sie mitbringen. Diesen Abschnitt können Sie auch als „Objectif professionnel" oder „Résumé de compétences" bezeichnen.

- Formation
  Listen Sie Ihre Abschlüsse eventuell mit Noten auf. Jüngere Bewerber können diesen Abschnitt vor der Berufserfahrung platzieren. Diesen Teil können Sie auch als „Études" bezeichnen.

- Expérience professionnelle
  Wie in einem amerikanischen Lebenslauf beschreiben Sie auch im kanadischen, welche Leistungen Sie in den einzelnen Berufsphasen erbracht haben. Dieser Teil wird auch „Emplois" genannt.

- Langues
  Sprachkenntnisse können Sie auf Französisch mit „bon", „très bon", „couramment" beschreiben.

- Compétences informatiques
  EDV-Kenntnisse spielen auch in Québec eine große Rolle.

- Affiliations personnelles
  Auch „Activités sociales et professionnelles" genannt. Hier können Sie beispielsweise Verbandszugehörigkeiten erwähnen, falls sie für den Arbeitgeber von Interesse sind.

Für die Formulierung eines französischsprachigen Résumé's haben wir einige Redewendungen zusammengestellt und einen Musterlebenslauf eingefügt.

15.2 Musterlebenslauf

Werner Diergardt
Courriel: diergardt.werner@t-online.de
Bussestr. 7
24111 Kiel
Allemagne
tel: +49 (0)431-567 985 (dom)
téléc: +49 (0)431-910 2869 (bur)

INGENIEUR D'AFFAIRES

Compétences: - négociation commerciale, développement de
clientèle
- recherche et développement de produits
- assurance qualité
- analyse physico-chimique des matériaux

Domaines d'expertises:
- plastiques et polymères
- colles et adhésifs
- cartes à puces, pistes magnétiques

EXPERIENCE PROFESSIONNELLE

2001 à ce jour   Société Franco-Canadienne EUROTEC (Lyon)
Ingénieur d'affaires

Vente et conseils techniques pour l'ensemble des
produits de contrôle d'accès et d'identification des
personnes, en particulier systèmes de personnali-
sation graphique (numérisation d'images)

1996 – 2000   Société ALPHA (Munich)
Ingénieur de développement de procédés

Étude et fabrication des cartes à puce:
- Recherche et qualification des matières de base
de la carte
- Mise en place des spécifications d'achats et de
fabrication

- Assurance qualité chez les fournisseurs
- Formation et assistance de l'équipe de production (augmentation de 10 % de la productivité)

1994 – 1996   Société INTERTEC (Dortmund)
Technicien de laboratoire

Responsable du contrôle qualité des produits entrant dans la fabrication de matériel électronique (circuits imprimés et cartes céramiques multicouches)
- Interface technique avec les fournisseurs, les services achats et les équipes de production
- Développement et utilisation de techniques d'analyse physico-chimique.

FORMATION INITIALE ET COMPLEMENTAIRE

- Diplôme d'Ingénierie de Procédés en Chimie, 1994, Université de Bochum, Allemagne

- INGENIEUR, formation interne BULL et cours CNAM: Mémoire: „Maîtrise et contrôle des matières premières de la carte CP8"

Stages: - Prospection de nouveaux clients
- Les adhésifs, le collage, le contrôle
- Les méthodes physiques d'analyse des polymères

Langues: - allemand   langue maternelle
- français   couramment
- anglais: lu, écrit, parlé
- espagnol: notions

Références: Références sont disponibles sur demande.

15.3 Begleitschreiben

Das kanadische Bewerbungsanschreiben ähnelt dem amerikanischen (vgl. Kapitel 7). Wichtig ist es in Kanada wie in den USA, dass Sie sich im Bewerbungsanschreiben als „Go-Getter", den optimalen, fähigen Kandidaten, präsentieren. „Enthusiasm" ist das, wonach auch die kanadischen Arbeitgeber besonders suchen.

```
Henri DUCHAMPS
Uhlandstr. 89
63110 Rodgau,
Allemagne
Tél.: +49(0) 61061-1234 5678
Courriel: duchhr@aol.com
```

Rodgau, le 27 Mai 2004

Sofina
Service du Personnel
1–5, place du Concours
Québéc, QE3T 4QU
Canada

Monsieur le Directeur Général,

Les activités de votre société ainsi que sa réputation dans le domaine des projets alimentaires m'incitent à vous proposer ma collaboration.

Pour ma part, je suis consultant de la Commission des Communautés Européennes dans la cadre de son programme d'appui à la mise en oeuvre de la politique alimentaire du Cameroun.

Actuellement, je suis en train de terminer une étude sur les conditions techniques et financières de la dissolution de l'Administration Centrale des Céréales et de son remplacement par une société d'État chargée de la gestion de la réserve nationale de sécurité (voir C.V. ci-joint).

En espérant pouvoir vous rencontrer afin de vous donner de plus amples informations, je vous prie de croire, Monsieur le Directeur Général, à l'assurance de ma considération distinguée.

Henri Duchamps

15.4 Vorstellungsgespräche

Verschiedene Formen von Vorstellungsgesprächen sind in Kanada üblich. Dazu gehören neben den klassischen Einzel- und Gruppeninterviews auch:

- Panel Interviews
  Dafür tun sich mehrere verschiedene (!) Arbeitgeber zusammen, um eine Reihe von Kandidaten zu befragen. Auf diese Weise sparen Unternehmen Kosten für das Bewerbungsverfahren.

- Telephone Interviews
  Sie werden immer häufiger eingesetzt (vgl. Kapitel 9.1). Es kommt darauf an, dass Sie sich selbstbewusst, „confident", geben! Diese Screening Interviews dienen dazu, die Zahl der Bewerber einzugrenzen. Es kommt also darauf an, sich auch hier professionell darzustellen.

Es ist ebenfalls wichtig, dass Sie sich im Vorstellungsgespräch als jemand präsentieren, der flexibel ist – und überall mit anpackt. Besonders in kleineren Firmen wird mehr von Ihnen erwartet als Dienst nach Vorschrift. Im Notfall werden Aufgaben auch neu verteilt.

Auf zwei Fragen müssen Sie sich im Vorstellungsgespräch natürlich einstellen:

- Warum möchten Sie ausgerechnet in Kanada arbeiten?
- Was bringen Sie diesem Unternehmen?

Klassische Interviewfragen auf Englisch finden Sie im Kapitel 6. Einige typische Fragen, die Ihnen auf Französisch gestellt werden könnten, sind beispielsweise:

- Quels sont vos qualités et defauts ?
- Comment vous décririez-vous ?
- Aimez-vous travailler seul ou en équipe ?
- Êtes-vous capable de travailler sous pression ?
- Comment réagissez-vous aux critiques ?
- Quels sont vos hobbies ?
- Quel est le dernier livre que vous avez lu ?
- Parlez-moi un peu de vous.
- Parlez-moi de votre expérience professionnelle.
- Quels domaines d'emploi vous intéressent le plus ?
- Qu'est-ce qui vous motive le plus dans votre travail actuel ?

- Où pensez-vous être dans cinq ans ?
- Quels sont vos objectifs à court et moyen terme ?
- Pourquoi voulez-vous travailler pour nous ?
- Que connaissez-vous de notre société ?
- Pourquoi avez-vous choisi cette carrière ?
- Quel est l'accomplissement dont vous êtes le plus fier ?
- Parlez-moi d'un problème auquel vous avez été confronté. Comment avez-vous réagi ?
- Pourquoi devrais-je vous embaucher ?
- Qu'est-ce que vous pensez pouvoir apporter à notre entreprise ?
- Quelle rémunération souhaitez-vous ?
- Avez-vous des questions ?

Was Sie Ihrerseits fragen könnten:

- Quels sont les projets sur lesquels vous travaillez maintenant et dans le futur ?
- Quelle est l'atmosphère de travail dans l'entreprise ?
- Quand planifiez-vous prendre une décision au sujet du poste ? (Vgl. Kapitel 15.6)

15.5 Gehaltsverhandlungen

Bevor Sie in die Gehaltsverhandlungen einsteigen, sollten Sie sich ein Bild von den in Kanada üblichen Gehältern gemacht haben. Sie können sich beispielsweise vor Ort zunächst in einem kanadischen HRSDC-Büro erkundigen. Ansonsten vergleichen Sie die Stellenangebote in den Zeitungen oder ziehen Sie die Gehaltsspiegel im Internet zurate. Sie müssen sich darauf einstellen, dass Sie ein niedrigeres Einstiegsgehalt erhalten als in Deutschland und sich nach oben arbeiten müssen. Fragen Sie deshalb bei Ihren Gehaltsverhandlungen nach Extras. Dazu können gehören:

- Private Health Insurance,
- Dental Plan,
- Pensions,
- Bonuses.

Folgende Online-Gehaltsspiegel helfen Ihnen bei Ihren Recherchen weiter:

- Labour Market Information
  www.labourmarketinformation.ca

In der Rubrik „Wages and Salaries" erfahren Sie beispielsweise, dass ein Elektronik-Ingenieur in Manitoba 31,54 Dollar pro Stunde verdient, wenn er Berufserfahrung mitbringt, als Berufsanfänger 16,44 Dollar pro Stunde. Kriterien für die Suche sind Jobtitel und gewünschte Region. Auch Links zu anderen Gehaltsübersichten werden Ihnen angeboten.

- Salaries for IT Professionals in Canada
  www.trios.ca/career/salary.asp

  Wer sich über Gehälter im IT-Bereich orientieren möchte, ist hier richtig. Der Salary Guide umfasst Daten zu:

  - Administration,
  - Applications Development,
  - Consulting and Systems Integration,
  - Internet,
  - Networking/Telecommunications,
  - Software Development.

Wenn Sie sich vor den Gehaltsverhandlungen über die Lebenshaltungskosten in Kanada informieren möchten, nutzen Sie die Daten des Statistischen Amts:

- Statistics Canada
  www.statcan.ca/english/Pgdb/famili.htm

  Unter „Families, Households and Housing" finden Sie u. a. Angaben zu:

  - Income,
  - Expenditures,
  - Housing,
  - Food Consumptions.

 Hinweis!

Stellen Sie sich vor Ihren Bewerbungsgesprächen in Kanada darauf ein, dass sich die Arbeitsbedingungen von denen in Deutschland unterscheiden: So können Sie nur mit 14 Tagen Urlaub pro Jahr rechnen und mit 10 Tagen „sick leave". Die wöchentliche Arbeitszeit beträgt 35 bis 40 Stunden (die Arbeitsbedingungen werden von den einzelnen Provinzregierungen autonom geregelt), meistens wird aber von den Angestellten erwartet, dass sie bereit sind, Überstunden zu machen.

15.6 Deutsch-französische Formulierungshilfen für schriftliche und mündliche Bewerbungen

Bewerbungsanschreiben

Auf diesem Weg möchte ich mich um die Stelle als ... bewerben.	Par ce courrier, j'aimerais poser ma candidature au poste de ...
Ich habe Ihre Anzeige in ... gelesen und bewerbe mich um die Stelle als ...	J'ai lu votre annonce parue dans ... et je désire poser ma candidature pour l'emploi de ...
Ich antworte auf die o. a. Anzeige.	Je réponds à l'annonce citée en référence.
Ich beziehe mich auf Ihre Anzeige in ...	Je me réfère à votre annonce parue dans ...
Sie suchen einen neuen .../eine neue ...	Vous recherchez un nouveau .../ une nouvelle ...
Diese Stelle interessiert mich.	Cet emploi m'intéresse.
Ich bewerbe mich um die Stelle als ...	Je sollicite l'emploi en qualité de ...
Ich habe von Herrn XY gehört, dass Sie einen neuen Buchhalter suchen.	M. XY m'a appris que vous recherchiez un nouveau comptable.
Hiermit möchte ich anfragen, ob Sie eine freie Stelle für einen Schaufensterdekorateur haben.	Je vous écris pour savoir si vous auriez un emploi de libre pour un étalagiste.

Angaben zur Person

Ich bin am ... geboren.	Je suis né(e) le ...
Ich bin ... Jahre alt.	J'ai ... ans.
Ich bin ledig.	Je suis célibataire.
Ich bin verheiratet und habe zwei Kinder.	Je suis marié(e) et père/mère de deux enfants.

Schulbildung

Ich habe von 1988 bis 2000 die ... Schule besucht.	J'ai fréquenté l'école ... de 1988 à 2000.
Grundschule	école élementaire/primaire
Gymnasium	école polyvalente/lycée
Berufsschule	collège communautaire/école professionnelle
Fachhochschule	Collège d'enseignement général et professionnel (Cégep)
Nach dem Abitur ...	Après le diplôme d'études secondaires
Ich erwarb 1992 den Abschluss zum ...	En 1992, j'ai obtenu mon diplôme de ...
Als Zivildienstleistender arbeitete ich in einem städtischen Altenheim.	J'ai fait mon service civil et j'ai travaillé dans une maison de retraite municipale.

Beruflicher Werdegang

Von 1996 bis 1999 machte ich eine Lehre bei ...	De 1996 à 1999, j'ai fait un apprentissage de ... chez/à ...
Ich habe Wirtschaftswissenschaften an der Universität Hamburg studiert.	J'ai fait des études d'économie à l'université de Hambourg.
1990 erwarb ich das Diplom zum ...	En 1990, j'ai obtenu le diplôme de ...
Von 1990 bis 1998 arbeitete ich als ... bei ...	De 1990 à 1998, j'ai travaillé comme ... chez/à ... (en qualité de) ...
Ich habe an der VHS Französisch-Kurse besucht und das Zertifikat Wirtschaftsfranzösisch erworben.	J'ai suivi des cours de français à la „Volkshochschule" (école pour tous) et obtenu un certificat de français commercial.
Verkaufserfahrungen habe ich seit drei Jahren bei der derzeitigen Firma gesammelt.	J'ai acquis trois ans d'expérience dans le secteur des ventes au sein de l'entreprise où je travaille.

Während mehrerer Praktika im In- und Ausland konnte ich mir vielseitige Kenntnisse aneignen.	Lors de plusieurs stages en Allemagne et à l'étranger, j'ai pu acquérir des connaissances diversifiées.
Ich konnte mir auf diesem Gebiet wertvolle Kenntnisse aneignen.	J'ai pu acquérir dans ce domaine des connaissances précieuses.
Zur Zeit bin ich als ... bei ... beschäftigt.	En ce moment, je travaille en tant que ... chez/à ...
Ich bin augenblicklich Leiter der Marketingabteilung.	Actuellement je dirige le service de marketing.
Es ist mir stets gelungen, die Mitarbeiter zu motivieren.	J'ai toujours su motiver mes collaborateurs avec succès.
In den letzten fünf Jahren war ich für ... verantwortlich.	Ces cinq dernières années, j'étais responsable de ...
Ich bin in ungekündigter Stellung bei ...	À présent je travaille chez/à ...
Zu meinen Aufgaben gehört es, ...	Il est de mon ressort de ...

Veränderungsgründe

Ich möchte mich gerne verändern.	J'aspire à un changement de situation/ J'aimerais changer de travail.
Ich suche eine Stelle mit mehr Verantwortung.	Je cherche un poste qui me permettrait de prendre plus de responsabilités.
Ich möchte Erfahrungen im Ausland sammeln.	J'aimerais acquérir de l'expérience à l'étranger.
Mein Mann wird in Kanada arbeiten, deshalb suche auch ich dort eine interessante Tätigkeit.	Mon mari a trouvé une situation au Canada, c'est pourquoi, à mon tour, j'y cherche une activité intéressante.
Ich möchte mit einem Auslandspraktikum die Möglichkeiten nutzen, die das Work-and-Travel-Canada-Programm bietet.	À l'aide d'un stage à l'étranger, j'aimerais profiter des possibilités qu'offre le programme Work-and-Travel-Canada.

In meiner Firma gibt es in absehbarer Zeit für mich keine Aufstiegsmöglichkeiten.	Bientôt, dans mon entreprise, il n'y aura plus aucune possibilité d'avancement pour moi.

Kurzlebenslauf

Ich füge einen Kurzlebenslauf bei.	Je joins un résumé à ma lettre.
Einen Überblick über meinen beruflichen Werdegang entnehmen Sie bitte dem beigefügten CV.	Le résumé ci-joint vous permettra d'obtenir un aperçu sur ma carrière professionnelle.
Aus dem beigefügten CV geht hervor, dass ich langjährige Erfahrungen mitbringe.	Je possède une longue expérience comme vous le montre mon résumé ci-joint.
Informationen über meine Qualifikation entnehmen Sie bitte den beigefügten Unterlagen.	Dans les pièces ci-jointes, vous trouverez des informations supplémentaires sur mes qualifications.
Den chronologischen Ablauf meiner Ausbildung entnehmen Sie den beigefügten Unterlagen.	Les pièces ci-jointes vous donneront le déroulement chronologique de ma formation.

Anlagen

In der Anlage übersende ich Ihnen ...	Ci joints, les ...
Ich füge ... bei:	Veuillez trouver ci-joint:
– einen tabellarischen Lebenslauf	- un résumé
– beglaubigte Kopien des Abiturzeugnisses und des Diploms	– les copies certifiées conformes de mon diplôme d'études secondaires et de mes diplômes universitaires.

Schlussfloskeln

Ich würde gerne zu einem Vorstellungsgespräch kommen.	Je vous serais reconnaissant(e) de m'accorder un entretien.
Ich stehe Ihnen gerne zu einem Vorstellungsgespräch zur Verfügung.	Je suis évidemment à votre entière disposition pour un entretien éventuel.

Über Ihre Einladung zu einem Vorstellungsgespräch würde ich mich sehr freuen.	Cela me ferait grand plaisir de recevoir une invitation à un entretien.
Ich sehe Ihrer Antwort mit Interesse entgegen.	C'est avec un grand intérêt que je recevrais votre réponse.
Über eine positive Antwort würde ich mich sehr freuen.	Je serais très heureux/heureuse de recevoir une réponse positive de votre part.
Bitte geben Sie mir Gelegenheit zu einer persönlichen Vorstellung.	Ce serait très gentil de votre part de bien vouloir me permettre de me présenter.
Ich würde mich sehr freuen, wenn ich in Ihrem Unternehmen ein Praktikum absolvieren könnte.	Je serais très heureux/heureuse si vous me permettiez de faire un stage dans votre entreprise.
Der frühestmögliche Einstellungstermin ist der ...	Je pourrai commencer au plus tôt le ...
Es würde mich freuen, mit Ihnen alle weiteren Fragen persönlich erörtern zu können.	Je serais très heureux/heureuse de pouvoir compléter ces informations de vive voix.
Ich könnte mich schnell einarbeiten.	Je pourrais me mettre au courant rapidement.
Ich glaube, gut in Ihr Team zu passen.	Je pense convenir à votre équipe.
Mit freundlichen Grüßen	Je vous prie d'agréer, Monsieur le Directeur, ma considération distinguée.

Vorstellungsgespräche meistern

Warum haben Sie ... studiert?	Pourqoi avez-vous fait des études de ...?
Wie viel Berufserfahrung bringen Sie mit?	Quelles ont été jusqu'à présent vos activités professionnelles?
Könnten Sie uns Ihren bisherigen beruflichen Werdegang kurz beschreiben?	Pourriez-vous nous faire un bref résumé de vos activités professionnelles jusqu'à ce jour?

Welchen Posten haben Sie in der derzeitigen Firma?	Quel poste occupez-vous actuellement ?
Mit welchen Unternehmen arbeiten Sie zusammen?	Avec quelles entreprises travaillez-vous ?
Welches Gebiet interessiert Sie am meisten?	A quel secteur vous intéressez-vous le plus ?
Warum möchten Sie sich verändern?	Pourqoui aspirez-vous à un changement ?
Ist Ihre Familie mit dem Umzug einverstanden?	Est-ce que votre famille est prête à déménager ?
Ist Ihre Frau berufstätig?	Est-ce que votre femme travaille ?
Wie alt sind Ihre Kinder?	Quel âge ont vos enfants ?
Wie viele Mitarbeiter hat Ihre jetzige Abteilung?	Quel est le nombre d'employés dans votre service actuel ?
Welche Aufgaben, meinen Sie, kommen in unserer Firma auf Sie zu?	Comment envisagez-vous votre travail dans notre entreprise ?
Warum interessieren Sie sich gerade für unser Unternehmen?	Pourqoui vous intéressez-vous spécialement à notre entreprise ?
Wie sind Sie auf uns gekommen?	Qu'est-ce qui vous a poussé à vous adresser à nous ?
Kommen Sie auf eine Anzeige in der Zeitung hin?	Venez-vous à la suite de l'annonce parue dans le journal ?
Sind Sie vom Arbeitsamt an uns verwiesen worden?	Est-ce que c'est l'Agence de l'Emploi qui vous envoie ?
Welche Gehaltsvorstellungen haben Sie?	À quel salaire pensez-vous ?
Wie stellen Sie sich Ihre Arbeit vor?	Comment envisagez-vous votre travail?/Quelle idée vous faites-vous de votre futur travail ?
Was sind Ihre Stärken/Schwächen?	Quel est votre point fort/faible ?
Verfügen Sie über ein Auto?	Avez-vous une voiture ?
Treiben Sie Sport?	Vous faites du sport ?

Waren Sie in der Schulzeit jemals Klassensprecher?	Pendant votre scolarité, avez-vous été chef de classe?
Sind Sie gern zur Schule gegangen?	Est-ce que vous avez aimé aller à l'école?
Haben Sie in den Semesterferien gearbeitet?	Est-ce que vous avez travaillé pendant vos vacances universitaires/ scolaires?
Haben Sie einen Führerschein?	Est-ce que vous avez le permis de conduire?

Die beiden folgenden Fragen sind in Kanada nicht gestattet und müssen daher nicht beantwortet werden. Allerdings: Überlegen Sie, welche Schlüsse Ihr Gegenüber möglicherweise aus Ihrem Schweigen ziehen könnte.

Sind Sie schwanger?	Est-ce que vous êtes enceinte/ Attendez-vous un enfant?
Leben Sie mit einem Partner zusammen?	Vivez-vous avec quelqu'un?

Mögliche Fragen des Bewerbers/der Bewerberin

Warum ist die Stelle frei geworden?	Pourqoui est-ce que ce poste est vacant?
Wie sieht das künftige Aufgabengebiet aus?	Pouvez-vous me parler du domaine qui sera de mon ressort?
Welche Schwerpunkte hat der Bereich?	Quel sont les domaines importants de ce service?
Welche Verantwortung ist mit der Stelle verbunden?	Quelles responsabilités sont-elles liées à ce poste?
Welche Aufstiegschancen bietet diese Position?	Est-ce que ce poste a des chances d'avancement?
Welche Weiterbildungsmöglichkeiten gibt es in Ihrer Firma?	Quelles possibilités de formation professionnelle votre entreprise offre-t-elle?
Haben Sie Niederlassungen im Ausland?	Avez-vous des filiales à l'étranger?

Wie ist die Arbeitszeit geregelt?	De quelle façon le temps de travail est-il réglé ?
Gibt es gleitende Arbeitszeit?	Avez-vous un horaire variable ?
Ist der Arbeitsplatz mit öffentlichen Verkehrsmitteln zu erreichen?	Est-il possible d'utiliser les transports en commun pour venir au travail ?
Gibt es eine feste Mittagspause?	Y-a-t-il une pause fixe à midi ?
Haben Sie eine Werkskantine?	Avez-vous une cantine ?
Wären Sie so freundlich, mit mir eine Werksführung zu machen?	Auriez-vous l'amabilité de bien vouloir me laisser faire le tour de l'entreprise ?
Welche betrieblichen Sozialleistungen gibt es?	Quels avantages sociaux votre entreprise offre-t-elle ?
– Essenzuschläge,	– Chèques-repas,
– Altersversorgung,	– Assurance vieillesse,
– Zusatzversicherung,	- Assurance complémentaire,
– Fahrkostenzuschläge.	– Prime de trajet.
Wie ist die Urlaubsfrage geregelt?	Comment la question des vacances est-elle réglée ?
Wie lange dauert die Probezeit?	Combien de temps dure la période à l'essai ?
Bis wann kann ich mit einer Antwort rechnen?	Quand puis-je escompter une réponse ?
Könnte ich einen Tag Bedenkzeit erhalten?	Pourriez-vous m'accorder une journée de réflexion ?
Haben Sie noch irgendwelche Fragen an mich?	Avez-vous encore d'autres questions à me poser ?
Ich danke Ihnen für das Gespräch.	Je vous remercie de cet entretien.
Ich würde sehr gern in Ihrem Unternehmen arbeiten.	Je serais très heureux/heureuse de pouvoir travailler dans votre entreprise.

15.7 Tipps für die Bewerbung und Arbeitssuche von einer Expertin

Martina D'Asciola ist Journalistin. Sie hat mehrere Jahre in Kanada gelebt und gearbeitet. Frau Asciola war so freundlich, uns einige Fragen zu beantworten.

Welche Bedeutung haben Fremdsprachenkenntnisse für die Arbeitssuche in Kanada?

Offiziell ist Kanada ein zweisprachiges Land: Sowohl Englisch als auch Französisch sind Amtssprachen. Allerdings spricht die überwiegende Mehrheit der Bevölkerung Englisch, während lediglich in der Provinz Québec Französisch die erste Sprache ist (das so genannte Québecois). Die Québecer sind sehr stolz auf ihre französische Herkunft und legen Wert darauf, dass in ihrer Provinz Französisch gesprochen wird. Auch wenn viele Québecer Englisch verstehen, kann es daher vorkommen, dass auf eine englische Frage in Französisch geantwortet wird. In einigen Gegenden wird nur Französisch gesprochen und verstanden.

Eine Rechtsreferendarin im deutschen Generalkonsulat in Montréal fasst ihre Erfahrungen mit dem kanadischen Französisch so zusammen: „Das größte Problem ist die Aussprache. Einige Wörter werden völlig anders betont als man es vom französischen Französisch her kennt, englische Wörter werden französisch ausgesprochen, viele Ausdrücke sind auch antiquiert. Hat man sich aber erstmal reingehört, ist die Sprache kein Problem mehr."

Die französische Herkunft und Sprache hat in Québec den Wunsch ausgelöst, sich von Kanada abzuspalten. Zwar lehnte die Mehrheit der Québecer dies in einem Referendum 1995 ab – allerdings nur mit einer sehr knappen Mehrheit (52 %). Um diesem Trend entgegenzuwirken, weitete die kanadische Regierung die Sonderrechte der Provinz aus und verstärkte 2002 das Französisch in den geänderten Einwanderungsgesetzen: Jeder, der nun in Kanada arbeiten (oder einwandern) möchte, muss Grundkenntnisse in beiden Sprachen nachweisen – unter bestimmten Umständen in einem Sprachtest. Studenten müssen ebenfalls eine Sprachprüfung ablegen, allerdings nur in der Sprache, die an ihrer Universität gesprochen wird.

Das kanadische Englisch ist dem britischen Englisch ähnlich und in der Regel haben Europäer keine Verständigungsschwierigkeiten. Allerdings wird vorausgesetzt, dass ausländische Arbeitnehmer sehr gute Englischkenntnisse besitzen, besonders, wenn sie intensiven Kontakt zu Kunden haben.

Wie unterscheiden sich die Arbeitsbedingungen in Kanada von den deutschen?

Das Verhältnis Arbeitgeber/Arbeitnehmer ist in Kanada gesetzlich weniger geregelt, als man es von Deutschland her kennt. Die Vereinbarungen über viele Leistungen – wie beispielsweise die Abgeltung von Überstunden, die Zahlung einer Abfindung oder Mutterschaftsurlaub werden den einzelnen Unternehmen überlassen und üblicherweise individuell in den Arbeitsverträgen geregelt. In Zweifelsfällen sollte daher ein Anwalt den Arbeitsvertrag überprüfen. Grundsätzlich gilt:

- Die 40-Stundenwoche ist die Regel.

- Es gibt deutlich weniger Urlaubstage als in Deutschland, wobei deren Anzahl nicht vom Alter des Arbeitnehmers abhängt, sondern nach der Zugehörigkeit zum Unternehmen bestimmt wird. In der Regel beginnt jeder Arbeitnehmer mit zwei Wochen bezahltem Jahresurlaub, der in jedem Jahr um ein bis zwei Tage erhöht wird (diese Zahl variiert von Unternehmen zu Unternehmen).

- Der kanadische Arbeitgeber beteiligt sich in der Regel weniger an den Ausgaben für die Sozial- und Rentenversicherung als man es von Deutschland her kennt. Große Unternehmen übernehmen meist einen höheren Anteil der Sozialkosten als kleine.

- Die Kündigungsfrist ist abhängig von der Betriebszugehörigkeit und davon, ob das Gehalt wöchentlich oder monatlich ausgezahlt wird. Die Frist liegt je nach Unternehmen zwischen zwei Wochen und einem Monat und gilt gleichermaßen für Arbeitgeber wie Arbeitnehmer.

- Die Gehälter sind niedriger als in Deutschland: Es kommt nicht selten vor, dass Kanadier zwei Jobs nachgehen.

In den letzten Jahren gab es zu der Höhe des Gehalts von nichtkanadischen Arbeitnehmern verschiedene statistische Erhebungen, wobei alle zum selben Ergebnis gekommen sind: Nichtkanadische Arbeitnehmer, gleichgültig, ob es sich um Einwanderer handelt oder um befristete Arbeitnehmer, verdienen in der Regel weniger als ihre kanadischen Kollegen. Dies ist unabhängig von der ausgeübten Tätigkeit und betrifft auch ausländische Fachkräfte. Einer der Gründe dafür ist sicher, dass ausländische Diplome und Schulabschlüsse von den kanadischen

Arbeitgebern kaum anerkannt werden und viele Ausländer daher nicht ihren erlernten Beruf in Kanada ausüben können. Häufig müssen Einwanderer bzw. ausländische Arbeitnehmer deshalb eine andere Arbeit annehmen und verdienen deutlich weniger als in ihrem Herkunftsland. Hinzu kommt, dass die Anerkennung von Schulabschlüssen und Diplomen in jeder Provinz unterschiedlich geregelt ist. Daher sollte jeder, der in Kanada arbeiten möchte, sich vorab bei den einzelnen Provinzbehörden nach der Anerkennung seines Schulabschlusses erkundigen.

Wie sehen auf dem kanadischen Arbeitsmarkt die Chancen für Europäer aus?

Für die Jahre 2002 bis 2007 prognostiziert die kanadische Regierung eine Million neuer Jobs, basierend auf Hochrechnungen zur Bevölkerungsentwicklung (große Anzahl von Arbeitern, die in die Pension gehen) und der rasanten technischen Entwicklung in einzelnen Wirtschaftszweigen. Dennoch liegt die Arbeitslosenrate seit 2003 bei 7,4 %. Hauptsächlich ist dies darauf zurückzuführen, dass weniger Teilzeit- dafür mehr Vollzeitstellen angeboten werden.

Als zukunftsträchtige Bereiche gelten das Gesundheitswesen – in das die kanadische Regierung seit mehreren Jahren investiert und dies auch fortzuführen plant –, die Sozialwissenschaften, die Informationstechnologie sowie das Management. Allerdings verlaufen die Entwicklungen in den einzelnen Provinzen seit jeher sehr unterschiedlich: Während beispielsweise in den Provinzen Ontario und Alberta die Industrie ein Wachstum verzeichnet, zählt Neufundland seit dem Zusammenbruch der Fischerei in den siebziger Jahren zu den Provinzen mit der höchsten Arbeitslosenrate.

Bis 2002 veröffentlichte die kanadische Regierung regelmäßig eine Liste mit Berufszweigen, in denen ein Bedarf an Arbeitern für die nächsten Jahre prognostiziert wurde. Personen mit einer entsprechenden Berufsausbildung wurden dann meist vorrangig bei der Einwanderung oder der Ausstellung einer Arbeitserlaubnis berücksichtigt. Mit der Änderung der Einwanderungsbestimmungen im Juli 2002 wurde diese Liste ersatzlos gestrichen.

Ein guter Überblick über einzelne Berufszweige findet sich aber unter:

- www.jobfutures.ca

Neben dem durchschnittlichen Gehalt werden dort auch Prognosen für die Zukunft getroffen – sowohl auf ganz Kanada als auch auf einzelne Provinzen bezogen.

Was sollten deutsche Bewerber über Aufenthalts- und Arbeitsgenehmigungen wissen?

Kanada ist im internationalen Ranking stets unter den Ländern mit der höchsten Lebensqualität zu finden. Diesen hohen Standard will die kanadische Regierung halten und legt schon deshalb großen Wert darauf, dass die Tätigkeiten ausländischer Arbeitnehmer einen günstigen Einfluss auf die kanadische Wirtschaft haben (Economic Benefit).

Wenn man in Kanada mit freier Arbeitsplatz- und -ortswahl arbeiten will, muss man in das Land einwandern. In solchen Fällen überprüft die Einwanderungsbehörde u. a. die Fähigkeit des Einwanderers, mit seiner Arbeit zum Wohl der kanadischen Wirtschaft beizutragen. Außerdem wird auf das Alter, die schulische Ausbildung und die Berufserfahrung geachtet. 2002 wurden die Einwanderungsbestimmungen verschärft: So muss der Einwanderer jetzt ebenfalls nachweisen, dass er sowohl Englisch als auch Französisch spricht (früher genügten Kenntnisse in einer der offiziellen Sprachen) und es wird intensiver geprüft, wie sich der Immigrant in das kanadische (Arbeits-)Leben einfügen würde. Es werden Immigranten gesucht, die in Kanada sofort Arbeit finden, selbst für ihren Unterhalt sorgen und gleich loslegen können, fasst Susan Scarlett von der Öffentlichkeitsabteilung des Einwanderungsministeriums das Ziel der kanadischen Regierung zusammen.

Wer befristet in Kanada arbeiten möchte, braucht eine Arbeitserlaubnis (Work Permit/permis de travail), die von der kanadischen Botschaft in Berlin ausgestellt wird. Hierfür müssen folgende Voraussetzungen erfüllt sein:

- der ausländische Arbeitnehmer muss ein Jobangebot vorlegen können,
- das kanadische Arbeitsamt (Human Resources and Skills Development [HRSD]/Resources Humaines et Développement des Compétences [RHDC]) muss in einem so genannten Arbeitsmarktgutachten feststellen, dass kein Kanadier diese Arbeit ausüben kann und sich die Tätigkeit des ausländischen Arbeitnehmers positiv auf die kanadische Wirtschaft auswirkt. Für die Provinz Québec muss darüber hinaus ein so genanntes Certificat d'acception du Québec beantragt werden.

Das Gutachten, das der potenzielle Arbeitgeber beantragen muss, ist mit einigem finanziellen und zeitlichen Aufwand verbunden – ein Aufwand, den viele kanadische Unternehmen oft nur auf sich nehmen, wenn es um die Einstellung von hochqualifizierten Fachkräften geht.

Wird eine Arbeitserlaubnis ausgestellt, gilt sie ausschließlich für eine zeitlich und örtlich genau definierte Tätigkeit und nur für einen bestimmten Arbeitgeber. Möchte man über diesen Zeitraum hinaus weiterarbeiten, muss der Arbeitgeber ein neues Gutachten beim HRSD beantragen. Hier kann es passieren, dass dieser – entgegen dem ersten Gutachten – zu der Ansicht kommt, dass jetzt ein Kanadier diese Tätigkeit ausüben kann. In diesem Fall wird keine neue Arbeitserlaubnis ausgestellt. Wenn Sie trotzdem weiterarbeiten, machen Sie sich strafbar.

 ## Achtung!

Die Arbeitserlaubnis muss auf jeden Fall vor der Einreise beantragt und ausgestellt worden sein. Es ist illegal, als Tourist nach Kanada einzureisen und sich dann im Land eine Arbeit zu suchen. Illegales Arbeiten wird mit Geldstrafe geahndet und kann zur Ausweisung aus dem Land führen.

Ist Ihre Tätigkeit schon vor der Einreise nach Kanada zeitlich begrenzt – wie beispielsweise bei Dienstleistungen im Rahmen eines Kaufvertrags, einer selbstfinanzierten Recherche oder eines Praktikums in einer Anwaltskanzlei –, brauchen Sie in der Regel keine Arbeitserlaubnis. Unter

www.dfait-maeci.gc.ca/canadaeuropa/germany/visa-work-de.asp

listet die kanadische Botschaft die Tätigkeiten auf, für die keine Arbeitserlaubnis erforderlich ist.

Studenten dürfen während des Studiums nur in Ausnahmefällen jobben. Ob eine Arbeitserlaubnis ausgestellt wird, hängt in der Regel davon ab, ob der Studierende ein so genannter Full-Time-Student ist, – d. h. 15 Unterrichtsstunden in der Woche besucht und den Abschluss Diplom oder Zertifikat anstrebt. Die Definition für Full-Time-Student ist allerdings von Universität zu Universität unterschiedlich – und in welcher Beziehung die Arbeit zum Studium steht, wird im Einzelfall geregelt. Im Internet finden Sie Informationen zu den Themen „Arbeitserlaubnis" und „Einwanderung" (mit den entsprechenden Formularen) unter:

www.cic.gc.ca

Was ist bei der schriftlichen Bewerbung in Kanada zu beachten?

Sich in Kanada um eine Arbeit zu bewerben ist nicht so aufwändig wie man es z. B. von Deutschland her kennt – es genügen ein einseitiges Anschreiben (Cover Letter) und ein zweiseitiger Lebenslauf (Resume/ Résumé in Québec). Kopien von Schul- oder Arbeitszeugnissen brauchen nicht beigelegt zu werden, allerdings sollten Ansprechpartner mit Telefonnummer und/oder E-Mail-Adresse im Lebenslauf genannt sein. Ebensowenig sollten der Bewerbung Arbeitsproben beigefügt werden. Ein Hinweis im Anschreiben, dass sie bei Interesse vorgelegt werden können, ist ausreichend.

In dem kurz gefassten Anschreiben sollte der Bewerber seine „Hot Points" nennen, wie es Terry Martin, Vizepräsident eines großen Verlagshauses in Edmonton, ausdrückt: Er soll kurz begründen, warum er für diesen Job die geeignetste Person sei. Wo man die Stellenausschreibung gelesen habe, müsse er nicht erwähnen. Und weiter: „Der Lebenslauf sollte nicht länger als zwei Seiten sein und die Schulausbildung, die Berufe der letzten fünf Jahre (oder die letzten drei bis vier Jobs) sowie Angaben zur Person enthalten." Bei letzteren ist darauf zu achten, dass weder das Geburtsdatum noch der Familienstand, die Religion oder die Herkunft genannt werden. Potenzielle Arbeitgeber könnten durch diese Informationen beeinflusst werden und dadurch einen Bewerber bevorzugen (Diskriminierungsverbot), diese Usance muss man beachten. Aus demselben Grund darf weder dem Lebenslauf noch dem Anschreiben ein Bild beigefügt werden.

An das Ende des Resumes gehören Sprach- und Computerkenntnisse sowie besondere Kurse, an denen man teilgenommen hat. Auf Hobbys oder sonstige Interessen wird in der Regel wenig Wert gelegt. Der Lebenslauf wird nicht unterschrieben oder datiert, im Gegensatz natürlich zum Anschreiben.

Bewerbungen können auf dem Postweg, aber auch per Internet oder Fax eingeschickt werden. Allerdings sollte man potenzielle Arbeitgeber nicht mit Anrufen nerven – sie melden sich beim Bewerber, wenn Interesse an einem persönlichen Gespräch besteht.

16 Das kanadische Bildungswesen

16.1 Aufbau des kanadischen Bildungssystems

Für das Bildungswesen sind in Kanada die einzelnen Provinzen bzw. Territorien zuständig. Schulpflicht besteht für Kinder und Jugendliche vom sechsten bis zum 16. Lebensjahr.

- Elementary School/École élémentaire:
  Die Kinder besuchen sechs Jahre lang die Grundschule.

- Junior High School/Senior High School/École polyvalente:
  Drei Jahre Junior School sowie drei Jahre Senior School bauen auf der Grundschule auf. Die Sekundarstufe (Grades 11-13) bereitet entweder auf den Besuch einer Universität vor oder auf den Wechsel in ein Community College/Collège Communautaire bzw. auf die Berufstätigkeit. Die High School schließt mit dem High School Diploma/Diplôme d'études secondaires ab.

Der tertiäre Bildungsbereich ist in Kanada im Wesentlichen in drei Bereiche gegliedert:

- Universities/University Colleges (Universités/Collèges),
- Community Colleges (Collèges Communautaires),
- Career Colleges (mit dem Schwerpunkt Berufsausbildung).

Dazu sollte man im Einzelnen Folgendes beachten:

An den Universitäten führt die erste Studienphase, Undergraduate Program (premier cycle), in drei bis vier Jahren zum Bachelor Abschluss (baccalauréat). Daran schließt sich ein mindestens einjähriges Master's Program oder deuxième cycle an, an dessen Ende man den Master's Abschluss (maîtrise) erlangen kann. Das Doctoral Program (troisième cycle) bereitet auf die Promotion vor. Der Ph.D.-Abschluss (doctorat) setzt mindestens drei weitere Studienjahre voraus.

Community Colleges führen in zwei bis drei Jahren zum Diplom/Zertifikat, das allerdings nicht mit den Universitätsabschlüssen gleichzusetzen ist. Diese Colleges (in Québec: Collèges d'enseignement général et professionnel, kurz auch Cégep) sind den deutschen Fachhochschulen ähnlich. Sie bieten folgende Zweige an:

- Pre-University Programs, die auf den Wechsel auf eine Universität vorbereiten;

- Technical Career Programs, d. h. berufsbezogene Programme, die die Studenten für den Arbeitsmarkt fit machen sollen, u. a. für die Tourismusbranche, fürs Hotel- und Gaststättengewerbe oder die Informationstechnologie. Auch Ausbildungsmöglichkeiten für Lehrlinge und Erwachsenenbildung gehören zum Programm der Community Colleges.

- Career Colleges gibt es in Kanada seit mehr als 130 Jahren. Sie bieten kurze, berufsbezogene Studienprogramme an, beispielsweise in den Bereichen Buchhaltung, Sekretariat, Grafik/Design, EDV, Pflegeberufe. Weitere Schwerpunkte können Sie dem Schulverzeichnis des Verbands der Career Colleges entnehmen: www.nacc.ca/schools.htm
Die Lehrgänge sind praxisorientiert und bereiten die Teilnehmer direkt auf den Arbeitsmarkt vor.

16.2 Informationsquellen für das kanadische Schul-/Hochschulwesen im Internet

- Association of Universities and Colleges in Canada
www.aucc.ca

    Dieser Verbund repräsentiert 93 kanadische Hochschulen. „Speaking for Canada's universities home and abroad" heißt das Motto der Site. Besonders interessant sind die Rubriken:

    - Our Universities,
    - Information for Students,
    - Search Academic Programs.

- Association of Canadian Community Colleges
www.accc.ca

    175 Community Colleges sind Mitglied dieses Verbunds. Die Sparte „Programs and Services for Immigrants" ist besonders für alle Ausländer interessant, die in Kanada studieren möchten. Sie ist gegliedert in:

    - Assessment/Foreign Credential Recognition,
    - Education and Training Programs,
    - Advisory/Counseling Services.

- Studyincanada.com
  www.studyincanada.com

  Hier werden Fragen zu folgenden Themen geklärt:

    - Why study in Canada?
    - About Canada,
    - The Canadian Education System,
    - A few things you need to know.

- CIC
  www.cic.gc.ca/english/study/index.html

  Ausländische Studierende, die in Kanada studieren möchten, können sich auf der Website des Einwanderungsministeriums u. a. über Visumsangelegenheiten informieren. Unter „Studying in Canada" finden Sie die entsprechende Details.

- Fédération des Cégeps
  www.fedecegeps.qc.ca.

  Sie interessieren sich für die Cégeps in Québec? Diese Site enthält alles Wesentliche.

- DAAD
  www.daad.de/ausland/de/3.2.5.html

  Die Website des DAAD ist eine reiche Informationsquelle, wenn es um das Thema „Studium in Kanada" geht. Auch bei Fragen zu Studien- und Forschungsstipendien bekommen Sie hier wichtige Hinweise.

- Association of Faculties of Medicine of Canada
  www.afmc.ca

  Diese Site wendet sich speziell an Mediziner. Sie informiert über:

    - Canadian Faculties of Medicine,
    - Admission to Canadian Faculties of Medicine,
    - General Information.

  Übrigens: Bevor Sie in Kanada als Arzt arbeiten dürfen, müssen Ihre bisherigen Examina anerkannt sein. Die Postadresse der ACMC lautet:

    - Association of Canadian Medical Colleges (ACMC)
      744 Echo Dr.,
      Ottawa ON K1S 5P2, Canada

- Canadian Information Centre for International Credentials
  www.cicic.ca

  Das CICIC ist zuständig für die Anerkennung internationaler Bildungsabschlüsse. Beachten Sie auf der Website insbesondere die Sparte „Guide to Terminology": Sie hilft Ihnen weiter, wenn es um relevante Begriffe aus dem Anerkennungsverfahren geht.

  Postadresse:
  Canadian Information Centre for International Credentials
  95 St. Clair Avenue West, Suite 1106
  Toronto ON M4V 1N6, Canada
  Tel.: +1(0)416-962 9725
  Fax: +1(0)416-962 2800

- CMEC
  www.cmec.ca/educmin.en.stm

  Für das Bildungswesen sind in Kanada die einzelnen Provinzen und Territorien zuständig. Die Internetadressen von Alberta bis Yukon finden Sie unter:
  www.cmec.ca/educmin.en.stm

  CMEC repräsentiert das kanadische Bildungswesen gegenüber dem Ausland. Es bezeichnet sich auf seiner Website als „The National Voice for Education in Canada".

Stipendien

Es gibt in Kanada auch für ausländische Studenten Möglichkeiten, an Stipendien zu kommen. Häufig sehen Austauschprogramme vor, dass Teilnehmern die Studiengebühren erlassen werden. Am besten, Sie erkundigen sich direkt bei Ihrer deutschen Heimatuniversität danach. Eine Auflistung der bestehenden Kooperationen zwischen deutschen und kanadischen Universitäten bietet die Website der Hochschulrektorenkonferenz.

- Hochschulkompass
  www.hochschulkompass.hrk.de

  Hier werden die Einzelheiten der internationalen Kooperationsvereinbarungen aufgeführt. Die Partnerhochschulen bestimmen die Rahmenbedingungen selbst, d. h. Studieninhalte, Anerkennung von Studienleistungen sowie Studiengebühren.

Bei der Suche nach Förderungsmöglichkeiten helfen auch:

- Gesellschaft für Kanadastudien (GKS)
  www.kanada-studien.de/gks.html

  Auf der Website der GKS werden Stipendien verschiedener Institutionen aufgelistet.

- International Council for Canadian Studies
  www.iccs-ciec.ca

  Dieser Verband will Forschung und Studium der Kanadistik fördern, indem er Stipendien und Praktika anbietet.

- Canadian and International Scholarship Programs
  www.scholarships-bourses.ca.org/menu-en.html

  Hier finden Kanadistikstudenten Informationen über Stipendien und Preise (Awards).

- Kanadische Botschaft in Deutschland
  www.dfait-maeci.gc.ca/canadaeuropa/germany/studyincanada-de.asp

  Auch die kanadische Botschaft beschreibt Förderungsmöglichkeiten für Studienbewerber.

17 Einreise- und Visabestimmungen

Das Wissen um die formalen Bedingungen ist das A und O bei der Vorbereitung eines Kanadaaufenthalts. Je besser Sie sich auskennen, desto einfacher wird es werden, den richtigen Weg einzuschlagen. Es gibt viele Arten von Visa und Arbeitsgenehmigungen. Verschaffen Sie sich deshalb einen Überblick über:

- Visitor Program,
- Independent Immigration,
- Family Sponsorship,
- Business Immigration,
- Temporary Status,
- Citizenship,
- Refugees/Humanitarian Applications.

17.1 Visitor Program

Wenn Sie als Besucher (Visitor) erst mal in Kanada den Arbeitsmarkt sondieren und vor Ort Kontakte knüpfen möchten, müssen Sie folgende Bedingungen erfüllen:

- Sie dürfen nur für maximal sechs Monate in Kanada bleiben,
- Sie müssen einen Reisepass besitzen, der für die Dauer Ihres Aufenthalts in Kanada gültig ist,
- Sie müssen nachweisen, dass Sie Ihren Lebensunterhalt selbst finanzieren können,
- Sie dürfen während Ihres Aufenthalts nicht arbeiten oder studieren,
- Sie dürfen nicht vorbestraft sein,
- Sie dürfen kein Sicherheitsrisiko darstellen,
- Sie müssen gesund sein.

Bei Ihrer Einreise wird Ihnen der Beamte der Einwanderungsbehörde eventuell entsprechende Fragen stellen.

17.2 Independent Immigration

Wenn Sie dauerhaft in Kanada einwandern möchten, müssen Sie die „Permanent Residence" beantragen. Folgende Einwanderungsprogramme kommen dafür in Frage:

- Skilled Worker,
- Provincial Nominee Program.

Skilled Worker

Die kanadische Botschaft in Deutschland betont auf ihrer Website, dass die beruflichen Fähigkeiten der potenziellen Einwanderer „leicht auf den kanadischen Arbeitsmarkt zu übertragen sein müssen". Mit anderen Worten: Sie benötigen Fähigkeiten (Skills), die gefragt sind. Sollten Sie als Skilled Worker dauerhaft einreisen wollen, müssen Sie folgende Bedingungen erfüllen:

- Sie müssen nachweisen, dass Sie überhaupt geeignet sind, sich als Skilled Worker um eine Permanent Residence Card zu bewerben. Dazu gehört, dass Sie mindestens ein Jahr Berufserfahrung nachweisen können. Wichtiger als die Berufsbezeichnung ist die exakte Beschreibung der ausgeübten Tätigkeit. Sie sollte dem NOC, der nationalen Klassifizierung, entsprechen, d. h. Skill Type 0, Skill Level A oder B. Eine entsprechende Beschreibung finden Sie im Internet unter:

  www.cic.gc.ca/english/skilled/qual-2.html

- Sie müssen über genügend Mittel verfügen, um in Kanada ohne Hilfe Ihren Start zu finanzieren. Die kanadische Regierung unterstützt neu angekommene Einwanderer nicht finanziell. Deshalb werden Sie nachweisen müssen, dass Sie beispielsweise als Single über 9,897 Kanadische Dollar bzw. als Familie mit vier Personen über 18,626 Dollar verfügen (Stand 2005).

- Sechs Faktoren werden im Rahmen des Skilled-Worker-Punktesystems bewertet:
  - Education,
  - Language Proficiency,
  - Work Experience,

- Age,
- Arranged Employment,
- Adaptability.

Überlegen Sie genau, wie Sie einzustufen sind und erwägen Sie Möglichkeiten, Ihre Kenntnisse und Ihr Know-how zu verbessern, um die nötige Punktzahl in den einzelnen Rubriken zu erreichen:

- Education
  Zu diesem Aspekt werden Schulabschlüsse und Studienjahre unter die Lupe genommen. Maximal erreichbare Punktzahl: 25. Ein Antragsteller mit einem Master's Degree und mindestens 17 Jahren Schul-/Hochschulbildung erhält z. B. die Höchstpunktzahl. Jemand mit Abitur dagegen nur 5 Punkte.

- Language
  In dieser Sparte werden die Fertigkeiten Lesen, Schreiben, Hören und Sprechen bewertet. Niveaustufen sind: high, moderate, basic, no proficiency at all. Sie können maximal 24 Punkte durch die Kenntnis der beiden offiziellen Landessprachen erreichen. Zu den anerkannten Sprachtests gehören:

  - IELTS,
  - TOEFL,
  - TEF (test d'évaluation de français).

  Mehr dazu erfahren Sie unter „How to assess language skills" auf der Website

  - www.cic.gc.ca

- Work Experience
  Wenn Sie als Skilled Worker einreisen möchten, müssen Sie Ihre Berufserfahrung nachweisen, d. h. im Einzelnen:

  - sämtliche Berufsphasen in den letzten zehn Jahren angeben,
  - belegen, dass Ihre Berufstätigkeit in Voll- oder Teilzeit bezahlt wurde,
  - die Jahre der Berufstätigkeit nach Punkten bewerten lassen,
  - die Berufsbeschreibung im NOC als Skill Type 0, A oder B einordnen.

  Sie können in dieser Rubrik maximal 21 Punkte erreichen.

- Alter
  Die Anzahl der Punkte wird entsprechend Ihrem Alter zum Zeitpunkt der Antragsstellung berechnet: Maximal sind zehn Punkte möglich. Die bekommen Sie, wenn Sie zwischen 21 und 49 Jahre alt sind. Für jedes Jahr mehr oder weniger werden je zwei Punkte abgezogen.

- Arranged Employment
  Wie viele Punkte Sie in dieser Sparte ernten können, hängt davon ab, ob Sie zum Zeitpunkt der Antragstellung schon auf befristeter Basis in Kanada arbeiten oder ob Sie ein bestätigtes Stellenangebot in der Hand haben und alle Bedingungen erfüllen, die die Arbeitsverwaltung an Reglementierung, Lizensierung etc. stellt. Maximal bekommen Sie dafür zehn Punkte.

- Adaptability
  Hier werden die (Ehe-, Lebens-)Partner mit in die Bewertung einbezogen:

  – Wie ist deren Bildungsstand?
  – Haben sie schon in Kanada gearbeitet oder studiert?
  – Verfügen diese auch über ein bestätigtes Jobangebot?
  Maximale Punktzahl: zehn.

Insgesamt kann man gemäß diesem Bewertungssystem bis zu 100 Punkte erreichen. Man benötigt jedoch mindestens 67, um die entscheidende Hürde (Pass Mark) zu überspringen. Sollten Sie es auf weniger als 67 Punkte bringen, ist es unwahrscheinlich, dass Ihr Antrag auf dauerhafte Einwanderung erfolgreich ist. Damit einreisewillige Skilled Workers ihre eigenen Chancen besser einschätzen können, hat das kanadische Einwanderungsministerium einen Self-Assessment-Test ins Netz gestellt:

www.cic.gc.ca/english/skilled/assess/index.html

 Hinweis!

In schwierigeren Fällen, d. h. wenn Sie zum Beispiel Mühe haben, die nötigen Punkte als Skilled Worker zu erzielen, empfiehlt es sich, Profis (Immigration Consultants bzw. Immigration Attorneys) zurate zu ziehen. Erkundigen Sie sich vorher nach deren Gebühren. Auf ihrer Site betont die Kanadische Botschaft allerdings, dass alle Visumanträge gleich behandelt werden, unabhängig davon, ob sie mit Hilfe eines Beraters ausgefüllt worden sind oder nicht.

Provincial Nominee Program

Die Provinzen sind nicht nur zuständig für ihr eigenes Bildungswesen und ihr Zivil- und Strafrecht, sondern nehmen auch Einfluss auf die Visumsregelungen. Bei entsprechendem Arbeitskräftebedarf können sie beispielsweise Skilled Workers aus bestimmten Berufsgruppen die Einreise erleichtern. Mit ihren Programmen wollen die Provinzen zum einen Ausländern gezielt Einreisemöglichkeiten geben und zum anderen ihre eigene Wirtschaft fördern. Wenn Sie also wissen, in welcher Provinz Sie arbeiten möchten, können Sie sich dort um eine Nominierung im Rahmen des Provincial Nominee Programms bemühen. Voraussetzung ist, dass Ihre Skills gefragt sind und dass Sie die Bedingungen dieser Provinz erfüllen. Die einzelnen Programme können Sie auf den jeweiligen Regierungssites der Provinzen im Internet nachlesen. Nach der erfolgreichen Nominierung erhalten Sie ein Zertifikat (Nomination Certificate) – erst danach ist es möglich, beim CIC ein Permanent Residence Visum zu beantragen. Provincial Nominees unterliegen übrigens nicht den Kriterien des oben beschriebenen Sechs-Punkte-Systems.

- CanadaAlmanac
  www.mmltd.com/Directories/Cdn-Almanac.htm

  Hier finden Sie die Internetadressen der einzelnen Provinzen und Territorien.
  - British Columbia: www.gov.bc.ca
  - Alberta: www.gov.ab.ca
  - Saskatchewan: www.gov.sk.ca
  - Manitoba: www.gov.mb.ca
  - Ontario: www.gov.on.ca
  - Quebec: www.gouv.gc.ca
  - New Brunswick: www.gnb.ca
  - Nova Scotia: www.gov.ns.ca
  - Prince Edward Island: www.gov.pe.ca
  - Newfoundland/Labrador: www.gov.nf.ca
  - Northwest Territories: www.gov.nt.ca
  - Nunavut: www.gov.nu.ca
  - Yukon Territory: www.yk.ca

17.3 Family Class Immigration

Das Programm für Familiennachzug kommt in Frage, wenn man einen nahen Verwandten in Kanada hat, der sich verpflichtet, den Einwanderer zu unterstützen, bis dieser in Kanada seinen Lebensunterhalt selbst finanzieren kann. Als Familienangehörige, die als Sponsoren fungieren können, gelten Ehe- und Lebenspartner sowie Eltern und Großeltern.

17.4 Business Immigration

„Canada seeks to attract immigrants who can quickly adapt to life in Canada and contribute to our economic, social and cultural prosperity" heißt es auf der Website des Einwanderungsministeriums, CIC. In der Business-Immigration-Kategorie haben diejenigen gute Chancen auf eine Einreise, die mit ihrer Einwanderung die kanadische Wirtschaft fördern und neue Arbeitsplätze schaffen. Zu diesem Personenkreis gehört der:

- Entrepreneur (Unternehmer)
  Er kauft ein Unternehmen oder baut einen Betrieb auf und schafft so Arbeitsplätze für Kanadier.

- Investor
  Er ist Unternehmer und investiert mindestens 400 000 Kanadische Dollar.

- Self-Employed (Selbstständiger)
  Er arbeitet als Selbstständiger und finanziert damit seinen Lebensunterhalt. Zu dieser Gruppe zählen beispielsweise Landwirte, im Verkauf tätige Personen sowie darstellende Künstler.

17.5 Temporary Status

Rund 90 000 Ausländer kommen in jedem Jahr nach Kanada, um dort eine bestimmte Zeit zu arbeiten. Wenn Sie dazu gehören möchten, müssen Sie im Besitz einer gültigen Arbeitserlaubnis (Work Permit/Permis de travail) sein. Zu diesem Zweck müssen Sie zuvor folgende Hürden überwinden:

- Sie müssen ein Stellenangebot von einem kanadischen Arbeitgeber vorweisen können.

- Er muss bereit sein, beim kanadischen Arbeitsministerium, dem HRSDC/DRHC (Human Resources and Skills Development), eine Bestätigung des Stellenangebots (Confirmation) oder ein Arbeitsmarktgutachten (Labour Market Opinion) einzuholen.
- Mit diesen Unterlagen können Sie bei der Einwanderungsabteilung der kanadischen Botschaft in Berlin Ihren Antrag auf Arbeitserlaubnis stellen.

Es gibt Berufsfelder, für die Sie keine Arbeitserlaubnis in Kanada benötigen, wie z. B.:

- selbstfinanzierte Forschungstätigkeit,
- Tätigkeiten für darstellende Künstler,
- Krankenhauspraktika für ausländische Studierende,
- Aufgaben für Instrukteure im Rahmen eines Kauf- oder Leasingvertrags.

Auch Sonderprogramme für bestimmte Zielgruppen, wie z. B. häusliches Pflegepersonal und IT-Experten, könnten interessant für Sie sein.

 Achtung!

Im Fall eines Short-Term Employment werden einige Grenzen gezogen: Diese Genehmigungen gelten nur für die vereinbarte Zeit, für den speziellen Arbeitgeber und die spezifische Stellenbeschreibung.

Details zum Thema „Befristete Arbeitsaufenthalte in Kanada" finden Sie im Internet unter:

- Botschaft von Kanada in Deutschland
  www.dfait-maeci.gc.ca/canadaeuropa/germany/visa-work-de.asp

- Working temporarily in Canada, CIC Canada
  www.cic.gc.ca/english/work/index.html

17.6 Citizenship

Jedes Jahr erhalten rund 150 000 Personen die kanadische Staatsbürgerschaft. Voraussetzung dafür ist, dass die Antragsteller schon drei Jahre im Land gelebt haben und „Permanent Residents" sind. Infos dazu finden Sie unter:

- www.cic.gc.ca/english/citizen/index.html

17.7 Refugees, Humanitarian Applications

Dieses Programm wurde für Personen geschaffen, die als Flüchtlinge oder aus humanitären Gründen nach Kanada einreisen möchten. Das kanadische Ministerium für Staatsbürgerschaft und Einwanderung informiert über das Refugee Protection System auf seiner Website:

- www.cic.gc.ca/english/refugees/index.html

 Hinweis!

Ärztliche Untersuchungen (Medical Checks) sind nötig, wenn man sich um ein Visum als Permanent Resident bewirbt. Nicht einreisen dürfen Sie, wenn Ihr Gesundheitszustand eine Gefahr für „Public Health and Safety" darstellt bzw. wenn Ihre Krankheit dem kanadischen Gesundheitswesen bzw. der Sozialfürsorge Kosten verursacht. Wer weniger als sechs Monate als Besucher, Student oder für einen befristeten Arbeitsaufenthalt in Kanada einreisen möchte, muss sich im Allgemeinen keiner ärztlichen Untersuchung unterziehen. Es sei denn, er arbeitet im medizinischen Bereich, in Schulen und Kindergärten oder im Haushalt.

18 Administratives

18.1 Krankenversicherung

Nur wenn Sie „Permanent Resident" sind, d. h. eine unbefristete Arbeits-genehmigung haben, sind Sie als Einwanderer automatisch kranken-und sozialversichert. In Kanada ist die Krankenversicherung Pflichtver-sicherung. Es gibt Arbeitgeber, die sich auch an einer Zusatzkranken-versicherung für ihre Angestellten beteiligen. Das kanadische Gesund-heitswesen ist von Provinz zu Provinz unterschiedlich geregelt, z. T. erhalten Einwanderer ihre Care Card (Krankenversicherungskarte) erst 90 Tage nach Einreise. D. h., Sie müssen sich schon in Deutschland Ge-danken darüber machen, wie Sie sich für die ersten drei Monate Ihres Kanadaaufenthalts versichern. Ausführliche Informationen über das kanadische Gesundheitswesen finden Sie auf der „Health Care Site":

• Health Care
  www.hc-sc.gc.ca/english/care/index.html

18.2 Sozialversicherung und Altersvorsorge

Zwischen Kanada und Deutschland gibt es seit 1985 ein Sozialversiche-rungsabkommen, das 2002 durch ein Zusatzabkommen ergänzt wurde. Es soll gewährleisten, dass Ansprüche, die in dem einen Land erworben wurden, erhalten bleiben, wenn man in den anderen Abkommensstaat umzieht.

Die kanadische Sozialversicherung umfasst:

• die Arbeitslosenversicherung (Employment Insurance, EI),
• die Rentenversicherung (Canadian Pension Plan/Québec Pen-sion Plan),
• die Arbeitsunfallversicherung (Worker's Compensation).

Jeder Arbeitgeber wird Sie nach Ihrer Sozialversicherungsnummer (SIN) fragen. Ohne SIN dürfen Sie keine Arbeit in Kanada aufnehmen. Die Sozialversicherung ist von Provinz zu Provinz unterschiedlich geregelt. Erste Informationen können Sie den FAQ's auf der folgenden Regierungs-site entnehmen:

• Social Development Canada
  www.sdc.gc.ca/en/gateways/topics/sxn-fqf.shtml

Ihre Sozialversicherungsnummer müssen Sie beim örtlichen HRDC-Büro beantragen. Auf der Site der Einwanderungsbehörde ist ein entsprechendes Formular abzurufen.

Zum Thema „Arbeitslosenversicherung": Wenn Sie in Kanada einer Arbeit nachgehen, wird ein Teil Ihres Verdienstes für den Employment Insurance Account einbehalten. Damit wird sichergestellt und finanziert, dass arbeitslose kanadische Residents für eine bestimmte Zeit Arbeitslosengeld erhalten. Im Internet finden Sie Informationen unter „Employment Insurance":

- Employment Insurance (EI)
  www.hrsdc.gc.ca/en/gateways/nav/top_nav/program/ei.shtml

Apropos Altersfürsorge: In Kanada wird zwischen der staatlichen Grundrente und einer einkommensabhängigen Rente unterschieden:

- Canadian Pension Plan
  Beitragspflichtig sind alle Arbeitnehmer ab 18 Jahre. Der Pension Plan umfasst Altersrente, Invalidität, Hinterbliebenen- und Waisenrente. Man muss mindestens ein Jahr eingezahlt haben, bevor man Ansprüche geltend machen kann. Québec hat gesonderte Regelungen (Québec Pension Plan).

- Old Age Security Pension (OAS)
  Dies ist die staatliche Grundrente.

Informationen über Renten- und Sozialhilfezahlungen finden Sie auf der „Canada Benefits"-Site:

- Canada Benefits
  www.canadabenefits.gc.ca

  Schlagen Sie einfach nach im A-Z-Benefits-Index, beispielsweise unter „P" wie „Pension". Auch die Sparte „A Newcomer to Canada" ist interessant sowie der „Benefits Finder", der individuell Antworten gibt, wenn Sie einen Onlinefragebogen ausgefüllt haben.

18.3 Steuern

In Kanada erheben Bund, Provinzen und Gemeinden Steuern. Die Bundessteuer schwankt zwischen 16 und 29%. Der Arbeitgeber behält schon einen Teil des Verdienstes für die Einkommenssteuer ein. Auch Beiträge, die er zu Versicherungen (wie Zusatzkrankenversicherung und Rentenbeiträge) dazuzahlt, können steuerpflichtig sein.

Zwischen Deutschland und Kanada gibt es seit 2001 ein Doppelbesteuerungsabkommen. Die kanadische Steuerbehörde, Canada Customs and Revenue Agency, informiert auf ihrer Site detailliert. Beachten Sie insbesondere die Sparten „International" und „Non-Resident" unter:

- Canada Customs and Revenue Agency
  www.cra-arc.gc.ca/tax/nonresidents/individuals/nonres-e.html

  Hier finden Sie Antworten auf Ihre Fragen zu:

  – Residency Status,
  – Your Tax Obligations,
  – Filing your Income Tax Return,

Weitere Angaben zum Thema „Steuern" bietet die Taxpage.

- Taxpage.com
  www.taxpage.com/taxlinks.htm

  Die umfangreiche Auflistung von Links zum Thema hat uns gut gefallen.

Fundierte Informationen zum kanadischen Steuersystem enthält ferner die Broschüre des Bundesverwaltungsamts *„Kanada – Informationen für Auswanderer und Auslandstätige"*, Köln 2002.

18.4 Arbeitsrecht

Die Gesetze von Bund und Provinzen legen Mindestlohn, Sicherheitsstandards, Arbeitszeit, Urlaub etc. fest. Tarifverträge werden zwischen den Gewerkschaften und einzelnen Unternehmen abgeschlossen.

Alles Wichtige zum kanadischen Arbeitsrecht können Sie der Site des Arbeitsministeriums Ontarios entnehmen, und zwar unter „Employment Standards":

- Ministry of Labor
  www.gov.on.ca/LAB/english/es/index.html

  Die Site ist gegliedert in:

    - Minimum Wage,
    - Hours of Work,
    - Public Holidays,
    - Family Medical Leave,
    - Brochures.

 Ein Tipp zum Schluss!

Noch Fragen zur Vorbereitung Ihres Kanadaaufenthalts? Auf der Site der Kanadischen Botschaft werden Sie finden, was Sie suchen, und zwar in der Rubrik der FAQ's:

- *Frequently asked Questions*
  www.dfait-maeci.gc.ca/canadaeuropa/germany/embassyfaqa-de.asp

18.5 Leben und Arbeiten in Kanada – ein Erfahrungsbericht deutscher Immigranten

Zuerst ein paar persönliche Informationen: Mein Name ist Anne und ich bin vor sieben Jahren zusammen mit meinem Mann und unseren zwei Kindern – damals zehn und dreizehn Jahre alt – nach Kanada ausgewandert. Wir hatten diesen Schritt schon mehr als 15 Jahre erwogen, bevor wir tatsächlich den Mumm hatten, unseren Traum zu verwirklichen. Obwohl wir uns während dieser langen Vorbereitungsphase sehr intensiv mit unserem Vorhaben auseinandergesetzt und – wie uns schien – alle Aspekte unseres neuen Lebens beleuchtet hatten, sind Überraschungen nicht ausgeblieben, positive und weniger positive.

Wir alle lebten uns in relativ kurzer Zeit ein, was wir zum größten Teil unseren kanadischen Freunden zu verdanken haben. Wir fahren jederzeit gern zu Besuch nach Deutschland, aber wir fühlen uns mittlerweile hier zu Hause. Ein Wermutstropfen wird dennoch wohl immer die große Distanz zu unseren Familien in Deutschland bleiben. Daran können auch noch so häufige Telefonate und E-Mails nicht viel ändern.

Die größten Schwierigkeiten hatte ich beim Erlernen der Sprache erwartet; vor allem für unsere Kinder, die kaum Englisch sprechen konnten, sah ich Probleme. Völlig grundlos. Innerhalb von sechs Monaten konnten sich beide sehr gut ausdrücken. Verständigungsprobleme gab es im alltäglichen Umgang eigentlich nie, sondern in Situationen, in denen Fachleute zu befragen waren. Zum Beispiel beim Arzt, in der Autowerkstatt oder im Heimwerkermarkt. Was ist „Lüsterklemme" auf Englisch? Wo hat mein Auto „outer tie rod ends"? Hier versagten alle Langenscheidts und sonstige Wörterbücher. Trotzdem war die Sprache keine wirklich große Hürde.

Was uns viel größere Sorgen bereitete, war das Fehlen einer dokumentierten Vergangenheit. Zum Beispiel bei der Bewerbung um einen Job, oder beim Anmieten einer Wohnung. Jeder fragt nach Referenzen. Schwierig zu beschaffen als Immigrant. Zeugnisse von früheren deutschen Arbeitgebern erwiesen sich als wenig hilfreich. Glücklicherweise hatten wir durch unsere früheren Reisen nach Kanada einige Freunde, die uns hier weiterhelfen konnten.

Den härtesten Kampf hatte ich wegen meiner fehlenden „Credit-History" auszufechten. Für jeden Nordamerikaner im kreditkartenfähigen Alter wird eine Akte in einer Datenbank geführt. Gesammelt werden Daten über die Abwicklung aufgenommener Kredite, Kreditkartenschulden, eventuelle Zahlungsbefehle, alles eben, was Aufschluss über die finanziellen Gepflogenheiten gibt, in etwa vergleichbar mit der „Schufa" in Deutschland. Nur dass den Eintragungen in diese Akte hier wesentlich mehr Gewicht beigemessen wird. Keine finanzielle Vergangenheit nachweisen zu können, ist so nachteilig wie eine schlechte Vergangenheit.

Wer keine Eintragungen in seiner Akte hat, bekommt keine Kreditkarte. Und ohne Kreditkarte geht hier nichts. Eine Kreditkarte ist nicht nur ein häufig genutztes Zahlungsmittel, sie zeigt auch die „Kreditwürdigkeit". Man braucht eine Kreditkarte zum Ausleihen von Videos, um Mitglied im Fitnessstudio zu werden, um das Telefon anzumelden und sogar um seine Wohnung an das Stromnetz anschließen zu lassen. Ganz zu schweigen von Bankgeschäften. Man kann jede Menge Bargeld haben, als Neuankömmling ohne Kreditkarte ist die Eröffnung eines Bankkontos jedoch ein Spießrutenlaufen. Meine Empfehlung an jeden, der den nordamerikanischen Kontinent betritt: Nie ohne Kreditkarte!

Sehr gründlich vorbereitet hatten wir uns auf den Arbeitsmarkt und es war wohl darauf zurückzuführen, dass uns negative Erfahrungen auf diesem Gebiet ziemlich erspart blieben. Unser Ziel war der Aufbau unseres eigenen Geschäfts, eines Reisebüros, was hier wesentlich einfacher und mit weniger bürokratischen Hürden als in Deutschland möglich ist. Wer sich allerdings um einen Job bei einem hiesigen Unternehmen bewirbt, muss einige Besonderheiten beachten. Deutsche Qualifikationen werden in vielen Berufen nicht anerkannt. Ein Ausbildungssystem wie das in Deutschland ist in den meisten Sparten unbekannt. Was hier zählt, ist entweder der Schulabschluss oder Berufserfahrung. Junge Arbeitssuchende ohne „Experience" haben kaum eine Chance auf einen gut bezahlten Job. Auch sind die Arbeitsbedingungen oftmals härter als in Deutschland. Wochenendarbeit ist an der Tagesordnung und zwei Wochen Jahresurlaub die Norm. Der Mindestslohn in Alberta liegt bei 5,80 Canadian Dollar pro Stunde und für Jobs, die bei Schülern und Studenten gefragt sind, wird selten mehr bezahlt.

 # Meine Empfehlung !

Meine Empfehlung an alle, die sich mit dem Gedanken tragen, in Kanada zu leben und zu arbeiten, ist, schon vor der Einreise Kontakte zu knüpfen und sich die notwendigen Dokumente zu beschaffen. Bedingt durch meinen Beruf als Travel Agent komme ich immer wieder mit Leuten in Kontakt, die meinen, es ließe sich alles regeln, wenn sie erst mal im Land seien. Leider zeigt oft eine frustrierende und teure Erfahrung, dass das Gegenteil der Fall ist.

von Anne Gibas

18.6 Kontaktadressen

Vertretungen Kanadas in Deutschland

- Botschaft von Kanada
  Friedrichstr. 95
  10117 Berlin
  Tel.:   +49(0)30-20312 0
  Fax: +49(0)30-20312 590
  www.dfait-maeci.gc.ca/
  canadaeuropa/germany/menu-
  de.asp

- Visum- und Einwanderungs-
  abteilung
  Tel.:   +49(0)30-20312 447
  Fax: +49(0)30-20312 134

- Konsulat von Kanada
  Benrather Str. 8
  40213 Düsseldorf
  Tel.:   +49(0)211-172 170
  Fax: +49(0)211-359 165

- Konsulat von Kanada
  Ballindamm 35
  20095 Hamburg
  Tel.:   +49(0)40-460027 0
  Fax: +49(0)40-460027 20

- Konsulat von Kanada
  Tal 29
  80331 München
  Tel.:   +49(0)89-219957 0
  Fax: +49(0)89-219957 57

- Konsulat von Kanada
  Lange Straße 51
  70174 Stuttgart
  Tel.:   +49(0)711-2239678
  Fax: +49(0)711-2239679

- Außenhandels-Partnerbüro der
  Deutsch-Kanadischen Industrie
  und Handelskammer
  Am Wiesenhang 22
  42859 Remscheid
  Tel.:   +49(0)2191-388 820
  Fax: +49(0)2191-388 225
  www.aussenhandelspartner.de

- Deutsch-Kanadischer Wirt-
  schaftsclub
  c/o Konsulat von Kanada
  Tal 29
  80331 München
  Tel.:   +49(0)89-219957 0
  Fax: +49(0)89-219957 57

- Deutsch-Kanadische Gesellschaft (DKG)
  Innere Kanalstraße 15
  50823 Köln
  Tel.:   +49(0)221-2576781
  Fax: +49(0)221-20038380
  www.dkg-online.de

Deutsche Vertretungen in Kanada

- Deutsche Botschaft
  Embassy of the Federal
  Republic of Germany
  1 Waverly Street
  Ottawa
  Ontario K2P 0T8
  Tel.:   +1(0)613-232 1101
  Fax: +1(0)613-594 9330
  www.ottawa.diplo.de

- Consulate General of the
  Federal Republic of Germany
  1250 Boulevard René-
  Lévesque Ouest, Suite 4315
  Montréal, Québec, H3B 4X1
  Tel.: +1(0)514-931 2277
  Fax : +1(0)514-931 7239
  www.montreal.diplo.de

- Consulate General of the
  Federal Republic of Germany
  77 Bloor Street West,
  Suite 1703
  Toronto
  Ontario, M5S 1M2
  Tel.: +1(0)416-92528 13-15
  Fax: +1(0)416-92528 18
  www.germanconsulatetoronto.
  ca

- Consulate General of the
  Federal Republic of Germany
  Suite 704-World Trade Centre
  999 Canada Place
  Vancouver
  British Columbia V6C 3E1
  Tel.: +1(0)604-68483 77
  Fax : +1(0)604-68483 34

- German Canadian Chamber of
  Industry and Commerce Inc.
  480 University Ave. Suite 1410
  Toronto
  Ontario M5G 1V2
  Tel.: +1(0)416-598 3355
  Fax: +1(0)416-598 1840
  www.germanchamber.ca

- Canadian German Chamber of
  Industry and Commerce Inc.
  1010 Sherbrooke Street West,
  Suite 1604
  Montréal
  Québec H3A 2R7
  Tel.: +1(0)514-844 3051
  Fax: +1(0)514-844 1473
  www.germanchamber.ca

- Canadian German Chamber of
  Industry and Commerce Inc.
  750 West Pender Street, Suite
  1101
  Vancouver
  British Columbia V6C 2T8
  Tel.: +1(0)604-681 44 69
  Fax: +1(0)604-681 44 89
  www.germanchamber.ca

Österreich

- Kanadische Botschaft in
  Österreich
  Laurenzerberg 2
  1010 Wien
  Tel.: +43(0)1-53138300
  Fax: +43(0)1-531383321
  www.kanada.at

- Austrian Chamber of
  Commerce
  2 Bloor St. West
  Toronto
  Ontario, M4W 3E2
  Tel.: +1(0)416-967 4867
  Fax: +1(0)416-967 4101

- Austrian Chamber of Commerce
  1010, rue Sherbrooke Ouest,
  Suite 1410
  Montréal
  Québec, HrA 2R7
  Tel.: +1(0)514-849 3708
  Fax : +1(0)514-849 9577

- Österreichische Botschaft in
  Kanada
  445 Wilbrod Street
  Ontario K1N 6M7
  Ottawa
  Tel.: +1(0)613-789 1444
  Fax: +1(0)613-789 34 31
  http://www.austro.org

Schweiz

- Kanadische Botschaft in der
  Schweiz
  Kirchenfeldstr. 88
  3005 Bern
  Tel.: +41(0)31-3573200
  Fax: +41(0)31-3573210
  www.dfait-
  maeci.gc.ca/switzerland

- Swiss Canadian Chamber of
  Commerce
  1572 avenue Dr. Penfield
  Montréal
  Québec H3G 1C4
  Tel.: +1(0)514-937 5822
  Fax : +1(0)514-693 1032

- Swiss Canadian Chamber of
  Commerce
  P.O.Box 4462
  Stn. Terminal
  Vancouver
  British Columbia V6B 3Z8
  Tel.: +1(0)604-6887947
  Fax: +1(0)604-985 8794

- Swiss Canadian Chamber of
  Commerce
  154 University Ave, Suite 601
  Toronto
  Ontario M3H 3Y9
  Tel.: +1(0)905-278 1779
  Fax: +1(0)905-271 0304

19 Sachregister

Danke
Thanks
Merci

Viele Menschen aus den verschiedensten Bereichen haben uns dabei geholfen, für dieses Buch zu recherchieren und Informationen zu sammeln.

Wir danken den Personalberatern, Bibliothekaren und den Mitarbeitern verschiedener deutscher, amerikanischer und kanadischer Institute sowie allen Fachleuten, die uns unterstützt haben. Ohne sie hätten wir das Buch nicht fertig stellen können.

Besonderer Dank gebührt:

- Thomas Dzimian, German-American Chamber of Commerce, New York, für seine professionellen Tipps und Materialien. Sie waren uns eine entscheidende Hilfe.

- Den Mitarbeiterinnen der Mid-Manhattan NY Public Library, Fifth Avenue, New York, für freundliche, kompetente Unterstützung bei unseren Recherchen vor Ort.

- Der Auslandsabteilung der Zentralstelle für Arbeitsvermittlung (ZAV), Bonn, für die fundierten Informationen über die Möglichkeiten der Arbeitssuche in den USA und Kanada.

- Martina d'Ascola, deren fachkundiger Beitrag vielen Lesern als effizientes Rüstzeug bei der Vorbereitung ihres Kanadaaufenthalts dienen wird.

- Marie-Christine Toutain für ihre sorgfältige Übersetzung und die fundierten Ergänzungen.

- Last, but not least danken wir Anne Gibas, Nicole Kroen sowie Michael Struckmann. Ihre Ratschläge und Erfahrungsberichte werden für unsere Leser von besonderem Interesse sein.

Bestellschein

Hiermit bestelle ich

EX.	TITEL	ISBN	PREIS
	Bewerben und Arbeiten in den USA und Kanada	3-930627-10-8	15,90
	Das Bewerbungshandbuch für Europa	3-930627-00-0	15,90
	Arbeiten und Studieren in Spanien	3-930626-08-6	9,90
	Erfolgreiche Arbeitssuche in Großbritannien und Irland	3-930627-06-X	9,90
	Bewerben in Italien	3-930627-01-9	8,90
	Applying for a Job in Germany	3-930627-03-5	7,90
	JobLinks USA	3-930627-07-8	10,90
	Arbeiten und Studieren in Australien	3-930627-09-4	11,90
	Euro*Flirt*	3-930627-04-3	6,90

Name:

Straße:

PLZ/Ort:

Datum:

Unterschrift:

Weitere Titel des ILT-Europa Verlags siehe auch unter: www.ilt-europa.de

Den Bestellschein bei Bedarf heraustrennen bzw. kopieren und Ihrer Buchhandlung oder dem ILT-Europa Verlag zusenden.

ILT-Europa Verlag
Steinring 88
44789 Bochum

Tel./Fax: (0234) 9586090/99
E-Mail: info@ilt-europa.de